Kaeselitz • Nördliche Rhön

Streifzüge durch die Erdgeschichte

herausgegeben von Dr. Gunnar Meyenburg

Die faszinierendste Geschichte der Erde ist die Geschichte der Erde selbst. Namhafte Autoren vermitteln in der Buchreihe „Streifzüge durch die Erdgeschichte" einen anschaulichen, lebendigen und verständlichen Einblick in die oftmals spektakulären Prozesse der Entwicklung unseres Lebensraums über Hunderte von Millionen Jahren. Jeder einzelne Band motiviert die Leser, den Spuren der erdgeschichtlichen Entwicklung im Gelände zu folgen und auch teilweise heute noch wirksame Kräfte kennen zu lernen.

In Verbindung mit vielfältigen, ergänzenden Informationen zu Lehrpfaden, Mineral- und Fossilfundstellen, Museen, Schaubergwerken und vieles andere mehr, ist jeder Band der Reihe die ideale geotouristische Begleitung und abgestimmt auf die Besonderheiten der jeweils behandelten Region. Die Abschnitte sind dabei so gewählt, daß sie bequem zu Fuß erkundbar sind.

Bereits lieferbar:

Nördliche Rhön, Nördliche Oberpfalz

Demnächst erscheinen:

Berchtesgadener Land, Altmühltal und Solnhofen, Südlicher Schwarzwald, Hunsrück, Mecklenburgische Eiszeitlandschaft, Lahn-Dill, Harz, Sächsische Schweiz, Erzgebirge, Salzburger Land, Ruhrgebiet, Eifel, Rügen.

Falls Sie laufend über die Neuerscheinungen informiert werden möchten, nutzen Sie bitte die Bestellkarte in der Mitte des Buches.

Streifzüge durch die Erdgeschichte

Matthias Kaeselitz

Nördliche Rhön

Steile Wände und offene Fernen

edition **Goldschneck**
im Quelle & Meyer Verlag

Der Herausgeber:

Dr. Gunnar Meyenburg
Osterstraße 187
20255 Hamburg
e-Mail: info@sci-script.de

Die Ratschläge in diesem Buch sind vom Autor und dem Verlag sorgfältig erwogen und geprüft, dennoch kann keine Garantie übernommen werden. Eine Haftung des Autors bzw. des Verlages und seiner Beauftragten für Personen-, Sach- und Vermögensschäden ist ausgeschlossen.

Bibliografische Information Der Deutschen Bibliothek
Die Deutsche Bibliothek verzeichnet diese Publikation in der Deutschen Nationalbibliografie; detaillierte bibliografische Daten sind im Internet unter http://dnb.ddb.de abrufbar.

© 2009 by Quelle & Meyer Verlag GmbH & Co., Wiebelsheim
www.verlagsgemeinschaft.com

Das Werk einschließlich aller seiner Teile ist urheberrechtlich geschützt. Jede Verwertung außerhalb der engen Grenzen des Urheberrechtsgesetzes ist ohne Zustimmung des Verlages unzulässig und strafbar. Dies gilt insbesondere für Vervielfältigungen auf fotomechanischem Wege (Fotokopie, Mikrokopie), Übersetzungen, Mikroverfilmungen und die Einspeicherung und Verarbeitung in elektronischen und digitalen Systemen (CD-ROM, DVD, Internet, etc.).

Titelfoto: Arnulf Müller
Fotos: Matthias Kaeselitz (wenn nicht anders angegeben)
Topographische Karten: Theiss Heidolph, Kottgeisering
Satz: Gunnar Meyenburg, Hamburg
Druck und Verarbeitung: www.schreckhase.de
Printed in Germany/Imprimé en Allemagne
ISBN 978-3-394-01464-7

Zur Reihe „Streifzüge durch die Erdgeschichte"

Liebe Leserinnen, liebe Leser,

das wachsende Interesse an Natur und Umwelt hat in den vergangenen Jahren auch bei geowissenschaftlich orientierten Themen nicht Halt gemacht. Oftmals waren es Naturereignisse, die die Geowissenschaften stärker in das Licht der Öffentlichkeit gerückt haben, aber auch Fragen, die unsere Zukunft betreffen. Die Deckung des Rohstoffbedarfs und die Diskussion um klimatische Veränderungen und deren Ursachen und Folgen sind nur einige Beispiele.

Die Erde und das Leben auf diesem Planeten haben im Laufe ihrer Entwicklung ausgesprochen vielfältige und dramatische Veränderungen erfahren. Vieles davon lässt sich an den Gesteinen als deren stumme Zeugen trotz ihres oft schwer vorstellbaren Alters, aber auch an der Gestalt der Landschaft ablesen. Gerade dieser Blick in die Vergangenheit ist es, der uns Prognosen über Zukunftsszenarien erlaubt, indem die Rekonstruktion einstiger Umwelt- und Lebensbedingungen mit Vorgängen und Gesetzmäßigkeiten verknüpft werden, die zu diesen Bedingungen geführt haben.

Natürlich steckt hinter diesem Erkenntnisgewinn weit mehr als das, was sich dem Betrachter geologischer Objekte vor Ort erschließen kann. Akademische Diskussionen sind jedoch nicht Gegenstand dieser allgemeinverständlich gehaltenen Reihe. Die Autoren und ich möchten Ihnen vielmehr Erdgeschichte zum Erleben bieten und Sie dazu auf eine ereignisreiche und spannende Reise mitnehmen. Die Buchreihe „Streifzüge durch die Erdgeschichte" richtet sich vor allem an all jene, die sich nicht ausschließlich an der Schönheit und den Eigenheiten von Landschaften erfreuen möchten, sondern sich zugleich auch Gedanken über deren Entstehung machen und nach entsprechenden Antworten suchen.

Sie will motivieren, sich auf die Suche nach den Spuren der äußerst bewegten Erdgeschichte Deutschlands und Mitteleuropas zu begeben und die mit ihr untrennbar verbundene Geschichte des Lebens selbst nachzuempfinden, ohne dass hierzu eine fachliche Vorbildung vonnöten wäre. Die einzelnen Bände begnügen sich nicht mit einer isolierten, steckbriefartigen Darstellung geologischer Objekte, sondern stellen die Synthese von Einzelinformationen zu einem Gesamtbild zur Entwicklungsgeschichte einer Landschaft stark in den Vordergrund. Die Größe der jeweils vorgestellten Gebiete ist daher auch überschaubar gehalten.

Ich möchte mich an dieser Stelle bei allen Autoren, die an dieser Buchreihe mitwirken, bedanken, die den komplexen Stoff der Intentionen der Reihe entsprechend verständlich und anschaulich darstellen.

Ganz ohne Fachtermini geht es dabei allerdings nicht. Damit der Lesefluss nicht durch Begriffserklärungen gestört wird, wurde die Marginalspalte genutzt, um wichtige Begriffe kurz zu erläutern oder auch andere Hinweise zu geben. Der dort in blauer Schrift gehaltene Text dient der leichteren Navigation innerhalb der Kapitel.

Nun wünsche ich Ihnen viel Freude und aufschlussreiche Einblicke in die Erdgeschichte bei Ihren geologischen Streifzügen.

Dr. Gunnar Meyenburg
Herausgeber

Inhalt

Geologie und Landschaft der Rhön – eine Einführung	3
Geographische Einordnung	4
Das Biosphärenreservat Rhön	8
Erdgeschichtlicher Überblick	10
Der alte Sockel und das Zechsteinsalinar	10
Die Trias – Wüste und Karibik oder: Abwechslung muss sein	18
Das Tertiär – der Vulkanismus oder: Afrika und die Alpen lassen grüßen	26
Das Quartär – wenig Eiszeit, viel Natur	30
Die nördliche Kuppenrhön – Willkommen im Kegelverein	34
Hinauf zur Hohen Rhön – zu steilen Wänden und kühnen Fliegern	60
Das Ulstertal – Kelten und Kali, Grenzen und Genossen	78
Interessante Lokalitäten – Museen, Ausstellungen und andere spannende Plätze im regionalen Umfeld	94
Ehemaliger Steinbruch und Kloster Cornberg	94
Schaubergwerk Merkers	100
Keltendorf bei Sünna	101
Point alpha	102
Stadt- und Kreisgeschichtliches Museum Hünfeld	103
Vonderau-Museum Fulda	103
Fossilfundstätte Sieblos und das Sieblos-Museum Poppenhausen	104
Naturkundemuseum und Museumsdorf Tann	106
Die basaltische Abfolge – oder warum der Nephelintephrit so heißt und nicht Analcimbasanit	108

Nützliches und Informatives	118
Sehenswerte Einrichtungen und Kontaktadressen	118
Museen und Ausstellungen	118
Weitere Informationspunkte	120
Wichtige Internet-Adressen	120
Geographische Koordinaten wichtiger Lokalitäten	121
Ortsverzeichnis	124
Literaturverzeichnis	126

Geologie und Landschaft der Rhön – eine Einführung

Gaius Julius Caesar schrieb über seinen Feldzug nach Gallien einige Zeilen, die sich abgewandelt auch auf die Rhön anwenden lassen:

„Die Rhön in ihrer Gesamtheit ist in drei Teile geteilt, deren einen bewohnen die Bayern, den anderen die Thüringer und im dritten sind die, die in ihrer Sprache seltsam sind und in unserer Hessen genannt werden."

„Alle diese unterscheiden sich in Sprache, Bräuchen und Gesetzen."

„Die Rhöner werden von den anderen Thüringern durch den Fluss Werra, von Bayern durch die Flüsse Main und fränkische Saale und den übrigen Hessen durch die Fulda getrennt."

Festzustellen ist, dass auch die Geologie der Rhön dreigeteilt ist: Buntsandstein, Muschelkalk und Tertiär in Form von Vulkaniten prägen das Landschaftsbild, und so wie auch die verschiedensten weiteren Völker der Rhön ihren Prägestempel verliehen haben mögen, waren es in kleinerem Umfang im tieferen Untergrund das Perm mit dem Zechstein, an der Oberfläche sind Reste des Keupers der Erosion entronnen. Sedimente des Tertiärs, oft Kleinode der Fossilführung, sind zu sehen und die prägende Kraft des Quartärs bleibt auch nicht im Verborgenen.

Die Bezeichnung „Rhön" wird zumeist von dem keltischen Wort *raino*, hügelig, hergeleitet, auch andere Interpretationen kursieren. Als Land der offenen Fernen wird diese Gegend gerne bezeichnet, doch schon bei den ersten Vorbereitungen für dieses Buch tauchte die Frage auf, wo denn eigentlich die Rhön beginnt und endet. Die Natur hält sich nicht an kommunalpolitische Grenzen, weder im Bereich der Geologie noch der Geographie oder Biologie. So stellte es sich als sinnvoll heraus, dem nördlichen Teil der Rhön, der Kuppenrhön, mit seiner von Vulkankegeln, Muschelkalkstufen oder Buntsandsteinflächen geprägten Landschaftsform und dem Anstieg zur Hochrhön bis hinauf zum höchsten Gipfel, der Wasserkuppe, einen eigenen Band zu widmen. Es handelt sich um einen Beitrag zur Geologie und Erdgeschichte einer einmaligen und aufregenden Landschaft, die zu erkunden sich lohnt.

Geographische Einordnung

Als Rhön wird ein Gebirgszug bezeichnet, der sich mehr oder weniger in Nord-Süd-Richtung in der Mitte Deutschlands erstreckt und sich irgendwo zwischen anderen Mittelgebirgen wie

- dem Thüringer Wald im Osten
- dem Vogelsberg im Nordwesten
- der Fränkischen Alb im Süden
- dem Spessart im Südwesten
- dem Bayerischen Wald im Südosten

abgrenzt, dessen Übergänge aber selten deutlich sind und dann eher durch traditionelle kommunale Grenzen zu beschreiben sind, wie z. B. zwischen dem Vogelsberg und der Rhön in Nord-Süd-Richtung zwischen Ortsteilen von Flieden. Die nördlichen Gemeindeteile wie Buchenrod gehören dann schon zum Vogelsberg, während der Süden – auf „der anderen Seite der Fliede" – der Rhön zugerechnet wird.

Abgrenzung der Rhön zu benachbarten Regionen

Da solche Differenzierungen im Sinne der Geologie nicht immer Sinn machen, bleibt die Frage, ob andere Unterscheidungen mehr Einfluss haben sollten. So gibt es, um bei dem genannten Beispiel zu bleiben, zwischen Flieden und der Nachbargemeinde Schlüchtern nicht nur eine kommunalpolitische Grenze, sondern zwischen Distelrasen und dem Landrücken auch eine höchst bedeutende Wasserscheide zwischen den Zuströmen zur Fulda (Fliede u. a.) und der Kinzig (dem Main und damit dem Rhein entgegen).

Auch die südliche Abgrenzung ist keineswegs einheitlich. Zwischen Spessart und Bayerischen Wald ragen Ausläufer des mainfränkischen Muschelkalkes, des Gips- und Sandsteinkeupers sowie des ostbayerischen Trias-Kreide-Bruchschollenlandes hinein.

Aus dieser Vorrede wird schon deutlich, dass die Rhön nicht mit dem Bleistift oder gar dem Lineal auf der Landkarte umzogen werden kann, dies aber auch gar nicht dem Begriff der „offenen Fernen" gerecht werden würde.

Die Rhön liegt eingebettet zwischen anderen deutschen Mittelgebirgen im Zentrum Deutschlands und weist doch erhebliche Unterschiede zu den umliegenden Gebirgszügen auf. Der Vogelsberg als größtes europäisches Vulkanmassiv erhebt sich zwar aus mesozoischen Sedimenten, wird aber oberflächlich hauptsächlich von tertiären Ablagerungen umgeben.

Geographische Einordnung

Die alten Kristallingesteine des Thüringer Waldes finden sich in der Rhön nicht wieder, der Jura südlich angrenzender Regionen kam in der Rhön aufgrund tektonischer Hebungen gar nicht zur Ablagerung oder ist längst der Erosion zum Opfer gefallen. Prätriadische Reste finden sich nur in Spuren in den Vulkaniten der Hohen Rhön.

tektonisch: die Bewegungsvorgänge in der Erdkruste betreffend

Dafür sind neben den tertiären Sedimenten und Vulkaniten in unterschiedlichster Ausprägung und Vielfalt die Ablagerungen des Buntsandsteins und des Muschelkalks reichlich vorhanden und können mit sehenswerten Formen das Herz erfreuen.

Der Geomorphologe kann den Anblick des Hessischen Kegelspiels mit seinen basaltischen Kuppen genauso genießen wie der Mineraloge oder Kristallograph die Hornblenden, Augite, Olivine oder Sanidine in eben den Basalten oder auch Phonolithen oder deren Tuffen. Den Paläontologen und Stratigraphen werden wohl eher die Saurierspuren im Chirotheriensandstein oder die zahllosen Fossilien der vollständig vorhandenen Muschelkalkabfolge oder auch des Oligozäns begeistern. Daneben sollen das nicht oberflächlich zugängliche, dafür aber in Schaubergwerken erkundbare Zechsteinsalinar, die Reste des Keupers und die quartärzeitlichen Bildungen nicht unerwähnt bleiben.

große Vielfalt auf kleinem Raum

Phonolithe sind wie die Basalte Gesteine vulkanischen Ursprungs; s. auch Diagramm Seite 112

Es mag dem Wanderer, Radler oder Autofahrer so erscheinen, als würden im Anstieg zur Hohen Rhön die Basalte das Landschaftsbild dominieren, überdeckt nur von quartärzeitlichen Bildungen, in den tiefen und mittleren Höhenlagen stark bewaldet oder verbuscht. Doch auch hier gibt es äußerst interessante Sedimente zu entdecken. Die unteroligozänen Fossilfunde in den Sedimenten eines einstigen waldumstandenen Süßwassersees bei Poppenhausen-Sieblos können sich durchaus mit denen der Grube Messel im Odenwald, des Geiseltals bei Halle/S. oder denen von Tambach-Dietharz im Thüringer Wald messen, in der südöstlichen Abdachung, z. B. um Kaltennord-, -sund- oder -westheim finden sich speziell im thüringischen Teil der Rhön die Aufschlüsse im Muschelkalk, die man in der Kuppenrhön leider oft vergeblich sucht.

All dies findet sich in keiner anderen Region derart konzentriert auf relativ kleinem Raum wie in der nördlichen Kuppenrhön und dem Anstieg zur Hohen Rhön. Innerhalb des Landkreises Fulda und dort speziell im so genannten Altkreis Hünfeld und dessen unmittelbarer Umgebung sind die Sehenswürdigkeiten der Kuppenrhön sicht-, begeh-, anfass- und erlebbar. Dies gilt auch für die angrenzenden Gemeinden des Wartburgkreises wie Geisa, Rockenstuhl oder Schleid. Im Süden schließen sich mit Nüsttal und Hofbieber (noch Altkreis Hünfeld), Tann und Hilders Gemeinden an, die schon in die Hochrhön übergehen. Gehört Gersfeld im Süden noch zum hessischen Kreis Fulda, liegt das sogenannte Dreiländereck Bayern – Hessen – Thüringen auf dem nordöstlich anschließenden Kartenblatt Hilders. Hier beginnt schon der bayerische Rhön-Grabfeld-Kreis.

Die Beschreibung der regionalen Geologie wurde hier auf einen Bereich beschränkt, der in etwa durch ein Vieleck aus den Orten Fulda, Bad Hersfeld, Friedewald, Schmalkalden, Meiningen, Fladungen und der Wasserkuppe umrissen werden kann.

Dieses Gebiet ist für einen groben Überblick an einem Wochenende bequem zu bereisen. Für einen ganzen Urlaub bietet die Region jedoch immer noch mehr als genug. Wer sich allerdings der Faszination all dessen, was es hier zu entdecken gilt, hingibt, kann auch sehr viel länger verweilen... Der Autor dieser Zeilen weiß (seit Jahren), wovon er spricht.

Nützliches für unterwegs

Die Rad- und Wanderwege sind meist sehr gut ausgebaut und beschildert. Da speziell die Radwege und auch die Wanderwege immer weiter ausgebaut und aktualisiert werden, ist es sehr empfehlenswert, sich hierzu jeweils die aktuelle, neueste Ausgabe der Karten zu beschaffen. Weitere wichtige Informationen sind in den Karten mit den Radwanderwegen der Region oder auch denen des Biosphärenreservates Rhön und des Rhönklubs enthalten.

Bezugsquellen finden Sie im Kap. „Nützliches und Informatives"

Interessantes Informationsmaterial und auch konkrete Angebote für z. B. geführte Wanderungen oder sonstige Veranstaltungen, Museen, aktuelle Ausstellungen und vieles mehr bieten die örtlichen Tourismusbüros und Gemeindevertretungen.

Blick von Leibolz aus Richtung SW über Rasdorf auf das Hessische Kegelspiel

Einige Orte wie das Naturkundemuseum Tann, das Landschaftsinformationszentrum Rasdorf, das Sandsteinmuseum

Geographische Einordnung

Folgende Blätter der topographischen Karte 1:25 000 und der geologischen Karte 1:25 000 der jeweiligen geologischen Landesämter sind als wesentliche Grundlagen dieses Buches anzusehen:

Bl. 5224 Eiterfeld	Bl. 5424 Fulda
Bl. 5225 Geisa	Bl. 5425 Kleinsassen
Bl. 5226 Stadtlengsfeld	Bl. 5426 Hilders
Bl. 5324 Hünfeld	Bl. 5523 Neuhof
Bl. 5325 Spahl	Bl. 5524 Weyhers
Bl. 5326 Tann / Rhön	Bl. 5525 Gersfeld
Bl. 5526 Bischofsheim	Bl. 5527 Mellrichstadt

Auch die Übersichtsblätter im Maßstab 1:50 000 ergänzen die Angaben in diesem Buch sinnvoll. Obwohl auf jedem der Kartenblätter interessante und wichtige Informationen enthalten sind, seien hier die Blätter Geisa und Kleinsassen besonders hervorgehoben. Sie bieten den besten Überblick über die Themen Kuppenrhön und Aufstieg zur Hohen Rhön.

Weitere umliegende Gebiete wie z. B. die Region um Neuhof, im Kreis Bad Hersfeld, Wartburg- und Rhön-Grabfeld-Kreis sind mit Lokalitäten durchaus vertreten.

Angaben zu einzelnen Lokalitäten sind im Anhang im World Geodetic System 1984 (WGS84) angegeben.

Handy- und PDA-(hand-held-computer-)taugliche Systeme in Form von Wanderführern auch mit geowissenschaftlichen Schwerpunkten werden aktuell für die Rhön entwickelt und Geräte in absehbarer Zeit – auch leihweise – zur Verfügung stehen.

beim Kloster Cornberg oder die Ausstellung in Poppenhausen-Sieblos finden später noch ausführliche Erwähnung, stellen aber nur einen kleinen Teil des umfangreichen Angebotes dar.

Daneben dürfen auch die Burgen und Schlösser sowie die wunderbaren Sakralbauten nicht ohne Erwähnung bleiben. Hier sei darauf hingewiesen, dass manch kleine Kapelle oder kleines Schlösschen abseits der großen Zentren Überraschungen bieten wird und einen Besuch wert ist.

Zudem befinden wir uns hier in einem ehemaligen „Zonenrandgebiet", wobei z. B. der „Observation Post Point Alpha" bei Rasdorf als der „Hot spot in the cold war" galt, einer der kri-

tischsten Punkte überhaupt entlang der Grenze zwischen der NATO und dem Warschauer Pakt.

Dieser besonderen Situation verdanken wir aber auch heute das Grüne Band, den ehemaligen Todesstreifen, auf dem und um den herum sich geologische Aufschlüsse erhalten haben und sich eine einzigartige Aneinanderreihung von Biotopen entwickelt hat.

Das Biosphärenreservat Rhön

Weite Teile der Rhön gehören zum UNESCO-Biosphärenreservat. So befinden sich die meisten der im Folgenden beschriebenen Lokalitäten innerhalb der Grenzen des Biosphärenreservates Rhön und/oder sind auch als Naturschutz- oder Landschaftsschutzgebiete ausgewiesen. Die Rhön wurde bereits 1991 anerkannt und konnte diese Auszeichnung auch bei den immer wieder erfolgenden Überprüfungen mit Erfolg bestätigen.

Zielsetzung und Schutzzonen

Ein Biosphärenreservat unterscheidet sich von anderen Schutzkategorien durch die Zielsetzung. Der wirtschaftende Mensch ist wesentlicher Bestandteil. Naturschutz ist eine ebenso bedeutende Komponente des Konzeptes, die Existenzgrundlage der Bewohner in wirtschaftlicher Hinsicht in Einklang mit der Natur hier vorrangig. Dementsprechend gibt es eine Differenzierung in Kern-, Pflege- und Entwicklungszonen. Sind die Kernzonen hochrangigen Naturschutzgebieten vergleichbar, darf der menschliche Einfluss in den Entwicklungszonen erheblich weiter reichen.

Zu den Grundanliegen des Biosphärenreservates und der verschiedenen dort aktiven Projekte und Gruppen gehört eine umfassende, ganzheitliche und nachhaltige Betrachtungs- und Herangehensweise unter Berücksichtigung der miteinander vernetzten Strukturen des Gesamtsystems.

So finden nicht nur gezielte Artenschutz- sondern auch flächige Biotopkartierungen und weitere Bestandsaufnahmen statt, es werden die Zusammenhänge erforscht. Hieraus entstehen umfassende Schutzkonzepte. Umweltbildung für alle Interessierten und Maßnahmen, um die Akzeptanz bei den betroffenen Anwohnern zu fördern, sind ebenfalls wichtige Bausteine der Arbeit des Biosphärenreservates. Da es sich über drei Bundesländer erstreckt, gibt es auch drei Verwaltungsstel-

Aus den verschiedenen Gesteinen bilden sich verschiedene Böden, entspringen Quellen mit unterschiedlichen Wässern. Auf und in den Böden leben **den Standortbedingungen angepasste Pflanzen- und Tiergemeinschaften**. Auch der Mensch richtet sich beim Ackerbau nach dem vorhandenen Untergrund und benutzt zum Bauen bevorzugt Gesteine und Rohstoffe aus der Umgebung.

Aufgelassene Steinbrüche stellen oft Refugien für seltene Tier- und Pflanzenarten dar, z. B. für Eulenvögel oder Reptilien wie Eidechsen und Schlangen. Kalkmagerrasen zählen zu den artenreichsten Biotopen der Rhön. Somit ist zum einen Rücksichtnahme erforderlich, zum anderen kann die Kenntnis und genaue Beobachtung der Natur gute Hinweise auf die Untergrundverhältnisse liefern. So ist es möglich, eine Übersicht über die Geologie durch die Färbung der Ackerböden zu erhalten, bei dichtem Bewuchs oder im Wald kann man sich an der Vegetation orientieren.

Eine Wachholderheide z. B. weist eindeutig auf einen kalkigen Untergrund hin, der Mais steht auf einem Buntsandsteinboden anders im Wuchs als auf Muschelkalk usw. Mit Kenntnis solcher Zusammenhänge ist eine Übersichtskartierung fast schon mit dem Fernglas möglich – ähnlich wie Malen nach Zahlen, hier nach Farben und Pflanzen.

len: Probstei Zella in Thüringen, Oberelsbach in Bayern und die hessische Verwaltung auf der Wasserkuppe.

Kontaktadressen im Kap. „Nützliches und Informatives"

In den Kernzonen gelten ausgesprochen strenge Regularien, die auch Besucher betreffen; dies aber nicht ohne guten Grund. Als Beispiel sei angeführt, das einige – auch hier beheimatete – Orchideen vom Samenkorn bis zur ersten Blüte mehr als 25 (!) Jahre benötigen, dies aber bei gleichbleibenden Umweltbedingungen (Belichtung, Nährstoffangebot usw.) und in Symbiose mit bestimmten bodenlebenden Bakterien und Pilzen. Die bekannteste heimische Orchidee, der Frauenschuh (*Cypripedium calceolus*), braucht immerhin 16 Jahre. Somit kann jeder unbedachte „Fehltritt" schlimme Folgen haben, ein Ausgraben solcher Pflanzen ist auch zwecklos, da sie unter veränderten Bedingungen auch bei liebevollster Pflege nicht überleben können. Um entsprechende Rücksichtnahme wird gebeten.

Die Silberdistel ist die Charakterpflanze der Rhön

Erdgeschichtlicher Überblick

Übersicht über wichtige anzutreffende Gesteine im Gebiet s. Tab. Seite 33

Die Basis der heute an der Oberfläche aufgeschlossenen Gesteine bilden Sedimente der Trias, also des Buntsandsteins, Muschelkalks und Keupers. Hinzu kommen Vulkanite aus dem Tertiär, die zur Zeit der alpidischen Gebirgsbildung aufdrangen. Auf der geologischen Karte wird die Differenzierung und Vielfalt innerhalb der Region schon auf den ersten Blick deutlich.

Abb. zur Bruchschollentektonik s. Seite 29

Die anstehenden Gesteinseinheiten stehen oft nicht mit der Topographie in Beziehung. Die älteren, ursprünglich relativ flach gelagerten Schichten weisen inselförmige, oft scharf und gradlinig umrissene Strukturen auf, wie sie typisch für Landschaften mit einer Bruchschollentektonik sind. Die Basalte und Phonolithe des Tertiärs sind zum einen mehr oder weniger punktförmig verbreitet, deuten damit auf Vulkanschlote hin, zum anderen gibt es auch größere zusammenhängende Areale, die auf flächige, deckenförmige Ergüsse hinweisen.

Der alte Sockel und das Zechsteinsalinar

Gesteine aus dem Paläozoikum, die den eigentlichen Sockel unserer Landschaft bilden, sind hierzulande nicht an der Oberfläche aufgeschlossen. Das bedeutet aber nicht, dass einem der – im wahrsten Wortsinne – Einblick völlig verwehrt bleibt.

Schaubergwerk Merkers s. Seite 100

Neben einem Schaubergwerk in Merkers liefern auch die Kerne aus Tiefbohrungen und der Kalisalzabbau viele wichtige Informationen über das geologische Fundament unserer Region. Reste des alten Kristallins finden sich nur sehr vereinzelt als „Mitbringsel", d. h. als Einschlüsse von Nebengestein in den Vulkaniten im Anstieg zur Hochrhön.

Kaledonische Gebirgsbildung: Kollision N-Amerika und Eurasien

Nach dem Ausklingen der kaledonischen Gebirgsbildung am Ende des Silurs im Altpaläozoikum, deren Reste sich heute vor allem im skandinavischen Raum sowie in Großbritannien und Irland finden, hatte sich im Devon im nördlichen Teil des heutigen Europa eine ausgedehnte Festlandsmasse gebildet, die nun der Abtragung unterlag. Konglomerate, Sand- und Tonsteine wurden gebildet. Durch die Oxidation von Eisen aus den Mineralen herrscht eine rötliche Färbung der Sedimente vor, daher wird dieser Kontinent auch der Old-Red-Kontinent genannt. Ihm schloss sich südlich ein Meeresbecken, die variszische Geosynklinale an, die den Old-Red-Kontinent von Afrika,

Geosynklinale: großräumig sich eintiefendes Meeresbecken

Erdgeschichtlicher Überblick

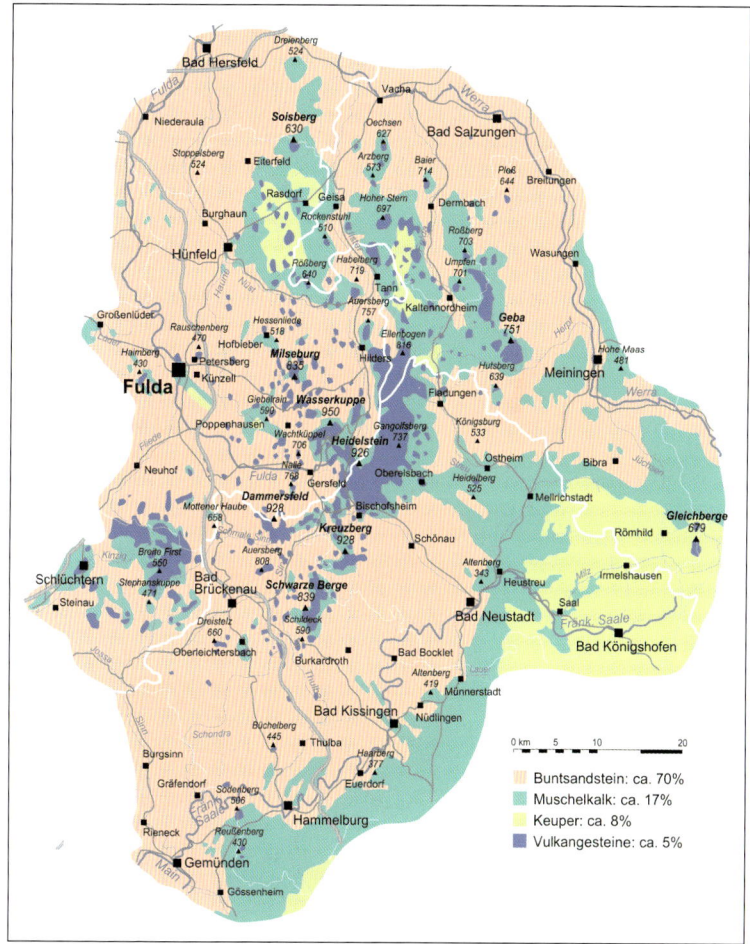

Vereinfachte geologische Übersichtskarte der Rhön. Verändert nach M. KLÜBER (2003).

das zu dieser Zeit noch Teil des Riesenkontinents Gondwana war, trennte. Aus den Ablagerungen in dieser Beckenstruktur entwickelten sich im Zuge einer erneuten Gebirgsbildungsphase im Devon, Karbon und Perm die Variszsiden.

Im Unterkarbon befand sich unsere Region zwischen dem Gondwana-Kontinent im Süden und Laurussia im Norden und war sehr stark in Hochzonen und marine Becken gegliedert.

Paläogeographie

Geologie und Landschaft der Rhön – eine Einführung

Gondwana: umfasste die heutigen Südkontinente und Indien

Terranes, also große Inseln oder kleine Kontinente, lagen zwischen diesen Landmassen. Bereits im Oberdevon hatten Kollisionen von Kontinenten oder Terranes stattgefunden. Nunmehr setzte die variszische Gebirgsbildung ein, die im Laufe des Karbons ihren Höhepunkt erreichte, aber sich noch bis ins Perm fortsetzte. Die gebirgsbildenden Vorgänge brachten aber auch Magmatismus und Vulkanismus mit sich. Bei Faltungen wurden Gesteine umgewandelt, metamorphisiert. Die Gesteine dieser Epoche finden wir in den uns bekannten Gebirgszügen in Nordfrankreich, im Rheinischen Schiefergebirge, Harz und in den mittelpolnischen Bergketten wieder.

Metamorphose: Veränderung von Struktur und Mineralbestand durch Druck und Temperatureinfluss

Durch Deutschland erstreckte sich die Mitteldeutsche Kristallinschwelle. Diese erstreckte sich vom Odenwald über den Spessart, die Rhön und den Thüringer Wald bis zum Kyffhäuser. Sie folgt damit einer rheinisch oder erzgebirgisch genannten Streichrichtung. Angelegt bereits im Devon, folgte im Karbon eine wechselvolle Geschichte. Die Struktur entstand durch das Aufdringen von Magmen relativ saurer Zusammensetzung, was zur Bildung von vornehmlich Graniten, Dioriten oder metamorphen Gesteinen wie Amphiboliten führte. Sie unterlagen wie auch noch überlagernde Sedimente der Abtragung. Der maximalen Ausdehnung im Unterkarbon schloss sich die Einbeziehung in die Hauptphase der variszischen Orogenese an. Durch Hebungen entstand Festland, das von Pflanzen wie Bärlappen, Schachtelhalmen und Farnen besiedelt wurde, Insekten erlebten ihre erste Hochzeit, berühmt geworden ist *Meganeura monyii*, eine Libelle mit über 75 cm Flügelspannweite. Reptilien entwickelten sich in ersten Frühformen.

Orogenese: Gebirgsbildung

Im Bereich der Rhön wurde nachgewiesen, dass sich hier eine eher Nord-Süd verlaufende Senke befand, die sich später zu einer Schwelle erhob und den Verlauf der heutigen Rhön im Wesentlichen vorzeichnete. Dementsprechend wird sie Rhön-Schwelle genannt. Sie war im oberen Karbon, dann wieder im obersten Perm exponiert und somit Abtragungsgebiet, blieb also frei von Ablagerungen. Im Perm setzte zeitweise wieder Sedimentation ein, regional mit Faulschlämmen, entstanden in tiefen sauerstoffarmen Meeresbereichen, andernorts mit Sanden.

Das ältere Variszikum

Über das ältere Variszikum kann in der Rhön nur spekuliert werden, denn auch die Tiefbohrungen durchteuften kaum das Rotliegende. Im Untergrund der Rhön ist von variszisch gefaltetem

Erdgeschichtlicher Überblick

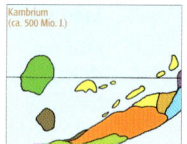 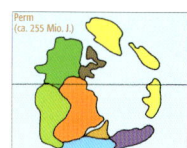 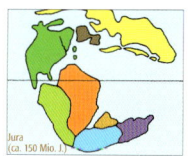 

Paläogeographische Veränderungen zwischen Kambrium und Alttertiär. Europa ist der braun gefärbte Kontinent. Mit freundlicher Genehmigung der Allianz-Umweltstiftung.

Kulm auszugehen, im beschriebenen Gebiet wurde allein in der Tiefbohrung Weisenborn 2 südsüdwestlich von Friedewald das Rotliegende in einer Mächtigkeit von 609 m durchbohrt. Darunter folgen Sedimente und Metamorphite des Kulms, also des unteren Karbons.

Die in den verschiedenen Bohrungen innerhalb der beschriebenen Region angetroffenen jüngeren Rotliegend-Gesteine werden als vorwiegend psephitisch und fanglomeratisch beschrieben. Nimmt man die Definitionen dieser Klastika zur Hand, ergeben sich Hinweise auf den Ablagerungsraum. Sind Psephite auch schon einigermaßen gerundet, zeigt die Korngrösse von › 2 mm, dass der Transportweg nicht allzu lang gewesen sein kann. Noch eher trifft dies auf die Fanglomerate zu, die einen noch geringeren Rundungsgrad aufweisen und charakteristisch für fächerförmige Schüttungen im küstennahen Mündungsbereich von Flüssen in aridem Klima sind. Beachtet man nun noch, dass wenig nördlich der sogenannte Cornberger Sandstein oberflächlich ansteht, der als Dünenbildung interpretiert wird, ist klar: Während der Zeit des Rotliegenden lag Osthessen in einer Küstenregion am Rande einer Wüste.

Klastika: aus mineralischen Partikeln wie Sand, Schluff oder Ton bestehende Sedimente

Cornberger Sandstein s. Seite 94

Hessen und Thüringen in der Wüste, Bayern im Meer? Die Behauptung könnte leise Zweifel erwecken, hierbei ist jedoch die paläogeographische Situation im Perm zu berücksichtigen. Die Kontinente hatten nicht nur andere Umrisse, sondern auch eine völlig andere Lage als heute. Das, was wir als Europa bezeichnen, war randlicher Bestandteil eines Megakontinentes, der unter dem Namen Pangäa in der Geologie bekannt ist. Nicht nur, dass Europa mehrere tausend Kilometer näher am Äquator lag, das südliche Afrika befand sich so nahe der Südpolarregion, dass es zu einer großflächigen Vereisung kam. Daher also Wüste in der Hessischen Senke und Eiszeit in Namibia.

Die globale paläogeographische Situation

Im Anschluss an die variszische Gebirgsbildung bestand im nördlichen Mitteleuropa ein ausgedehntes Senkungsge-

Geologie und Landschaft der Rhön – eine Einführung

> Der eigentliche **Motor für paläogeographische Veränderungen** und Gebirgsbildungen sitzt tief im Erdinneren: Aufsteigende Wärme führt zu Hitzestaus unter der Erdoberfläche, ähnlich wie bei einem Topf mit einer zentralen Flamme darunter teilen sich an der Oberfläche die aufwärts gerichteten Strömungen und führen zu einem Auseinanderdriften der Kontinentalplatten.
>
> Dazu spielen isostatische Ausgleichsbewegungen der Erdkruste eine Rolle. Sich auftürmende Gebirge, aber auch Inlandeisschilde, üben einen Druck auf den Untergrund aus, der an anderer Stelle zu Hebungen führt, die wiederum zu Senkungen in anderen Regionen, oft einhergehend mit Meeresvorstößen, sogenannten Transgressionen, führen können.
>
> Zusätzlich zu isostatischen Vorgängen rufen Klimaveränderungen glazio-eustatische (glazio = eiszeitlich, eustatisch ≈ ausgleichend) Meeresspiegelschwankungen hervor, da im Eis erhebliche Wassermassen gebunden sind, und beeinflussen auf diese Weise die Verteilung zwischen Wasser und Land.

Abb. zur paläogeographischen Situation im Perm s. Seite 16

biet, in das der Erosionsschutt aus den angrenzenden Hochgebieten eingetragen wurde. In der Zechsteinzeit, dem oberen Perm, kam es mehrfach zu Transgressionen, also Meeresvorstößen in dieses Zechsteinbecken, und Regressionen dazwischen. Die Überflutungen kamen aus nördlicher Richtung.

Germanisches Becken

Dieser neue Sedimentationsraum, auch als Germanisches Becken bezeichnet, war ein stark strukturiertes, ausgedehntes Meeresbecken mit rheinischer (NNE–SSW) oder herzynischer (NW–SE, abgeleitet von Saltus hercynicus = Harz) Orientierung der Strukturen und blieb über 200 Mio. Jahre bis ins Tertiär erhalten.

Permische Salinarzyklen

Die Transgressionen erfolgten in fünf Phasen. Dabei kam es vor, dass Bereiche von der Zufuhr von Frischwasser abgeschnitten wurden. Infolgedessen dampfte das Wasser in solchen Zeiten ein. Das Ergebnis präsentiert sich heute als Zechsteinsalz, abgelagert im sogenannten salinaren Zyklus. Dieser beginnt mit der Ablagerung vorwiegend toniger Sedimente, über denen zunächst karbonatische, also kalkige, dann sulfatische und schließlich die chloridischen, für heutige Begriffe eben typisch salzigen Ablagerungen folgen.

Hessische Senke

Das Relief war aber natürlich nicht völlig eben, Schwellen und Senken wie die Hessische Senke gliederten den Untergrund. Und auch die Klimabedingungen für die Verdunstung waren nicht immer konstant und stabil, und so ist es erklärlich, dass sich die Salzablagerungen nicht überall und in gleicher Mächtigkeit finden lassen.

So füllte sich die damalige Hessische Senke, in der das hier beschriebene Gebiet liegt, aus Nordwesten von der Hunsrück-

Erdgeschichtlicher Überblick

Ära	Periode	Epoche	Geologische Vorgänge	Entwicklung des Lebens
Paläozoikum	**Perm** 251	Oberperm (Zechstein)	Ausklang der variszischen Orogenese: Hebungen, Bruchbildungen, Vulkanismus, Rand- und innerkontinentale Senken werden mit festländischen Ablagerungen gefüllt. Zechsteinmeer mit Salzablagerungen und Kupferschiefer. Am Ende des Perms Großkontinente Laurasia auf der Nord- und Gondwana auf der Südhalbkugel zu Pangaea vereint; dazwischen vom heutigen Mittelmeer nach Osten reichend das Tethysmeer. Fortsetzung der permokarbonischen Vereisung auf der Südhalbkugel.	Trilobiten und viele Armfüßer und Stachelhäuter sterben aus. Moostierchen wichtigste Riffbildner. Starke Entwicklung der Reptilien (Saurier), aus denen in späterer Zeit Säuger und Vögel hervorgingen. Großwüchsige Foraminiferen (Fusulinen). Mit dem Zechstein setzt das Mesophytikum ein: die Vorherrschaft der Gefäßsporenpflanzen der Steinkohlenflora wird durch die Vormacht der Nacktsamer ersetzt; vorherrschend sind Nadelhölzer, erste Gingkogewächse.
		Unterperm (Rotliegendes)		
	Karbon 296	Oberkarbon	Höhepunkt der variszischen Orogenese. In der von Nordfrankreich über das Ruhrgebiet bis Oberschlesien reichenden Randsenke bis 5000 m mächtige Sedimente, führen z. T. Kohlen. In Binnensenken des aufsteigenden Festlandes limnische Sedimente mit Kohle (Saarland, Niederschlesien). Südlich des Tethysmeeres auf der Südhalbkugel (Gondwana) seit dem Oberkarbon ausgedehnte Vereisungen.	Üppige Pflanzenwelt, Höhepunkt der niederen Gefäßpflanzen, baumförmige Bärlapp-, Schachtelhalm- und Farngewächse. Erste Samenpflanzen (Samenfarne und Nadelhölzer). Aus den Amphibien entwickeln sich im Oberkarbon die ersten Reptilien (Cotylosaurier). Im Meer v. a. Foraminiferen (Fusulinen), Korallen, Armfüßer, Muscheln, Schnecken, Ammoniten (Goniatiten). Knorpel- und Knochenfische verdrängen Panzerfische.
		Unterkarbon		
	Devon 358	Oberdevon	Als Folge der kaledonischen Orogenese entsteht im nördlichen Europa ein ausgedehntes Festland, der Old-Red-Kontinent. Südlich anschließend entwickelt sich die variszische Geosynklinale (Nordfrankreich – Rheinisches Schiefergebirge – Harz – Mittelpolen). Im Mittel- und Oberdevon Ausdehnung des Meeres. Beginn der variszischen Faltungen.	Mit Amphibien, Knochen- und Knorpelfischen sowie Insekten besiedelt die Tierwelt das Festland bzw. Süßwasser. Im Meer Kopffüßer (Goniatiten), Korallen, Muschelkrebse, Armfüßer, Conodonten. Graptolithen und viele andere Arten sterben aus. Seit dem Unterdevon bilden erste Gefäßpflanzen die erste Landvegetation: Psilophyten (Nacktfarne), Bärlapp- und Schachtelhalmgewächse, Farne.
		Mitteldevon		
	418	Unterdevon		

Geologie und Landschaft der Rhön – eine Einführung

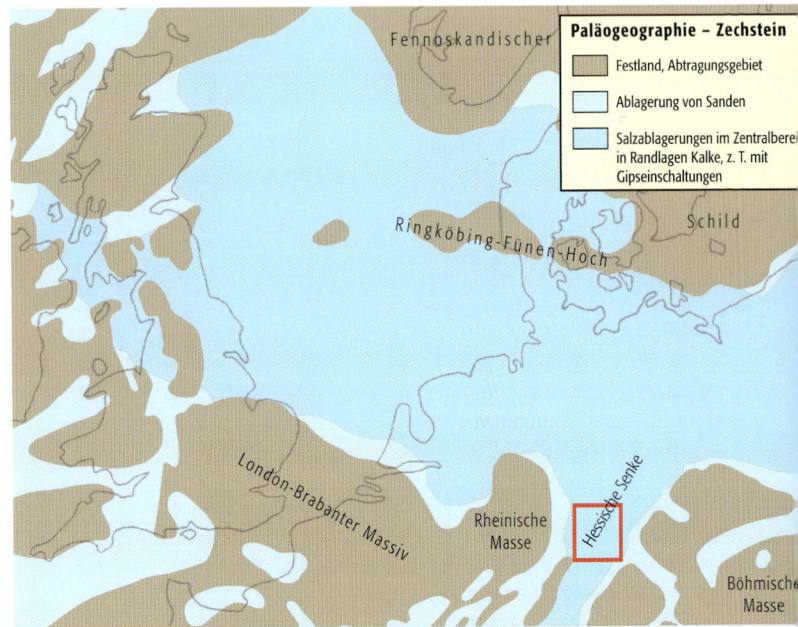

Die paläogeographische Situation in Europa zur Zeit des Zechsteins im Perm. Der Rahmen kennzeichnet die Lage des beschriebenen Gebietes. Verändert nach R. Walter (2003).

Oberharz-Schwelle, von Südosten schüttete die Odenwald-Spessart-Rhön-Schwelle. Es gab auch senkrecht dazu, also NW–SE, verlaufende Strukturen, z. B. die Buchenauer Schwelle. Sie hat ihren Namen von einem Ortsteil der Gemeinde Eiterfeld, nicht weit von Friedewald-Weisenborn entfernt, und erstreckt sich zwischen dem hiesigen Senkungsgebiet und dem Kloster Cornberg. Diese und andere Barrieren öffneten sich im Laufe der Zeit.

Da aber nun der Mensch herausbekommen hat, wie nützlich diese Salze sein können, vom Ackerdünger bis zum Kochtopf, wird schon seit langer Zeit danach gesucht. Dieser Tatsache verdanken wir etliche Aufschlussbohrungen, diverse Bergwerke und somit recht gute Kenntnisse über das Salinar.

Heutige Gestalt der Landschaft
Mit Blick auf die heutige Gestalt der Landschaft sei erwähnt, dass die Salze des Zechsteins nicht nur eine hohe Wasserlöslichkeit aufweisen, sondern auch, hervorgerufen durch die überlagernden Gesteinsmassen, die Eigenschaft der plastischen Verformbarkeit besitzen und somit bei der im Tertiär er-

Erdgeschichtlicher Überblick

folgten tektonischen Prägung eine besondere Funktion erfüllten. Sie waren Zug-, Druck- und Scherkräften ausgesetzt, wurden aber auch von physikalischen und chemischen Prozessen wie der Subrosion, also einer unterirdischen Auslaugung und Abtragung, erheblich beansprucht.

An manchen Stellen konnten sie größere Veränderungen der überlagernden Schichten abfedern, an anderer Stelle führte die Auslaugung der Salze zu Einbrüchen. So ist der gesamte Bereich um Eiterfeld herum als Senkungsmulde aufzufassen. Bis zum heutigen Tag machen sich die Senkungen im Bereich der Wildkaute zwischen Rothenkirchen und Steinbach bemerkbar, wo die Landwirte immer mal wieder plötzlich auftretende „Löcher" von 3 – 5 m Tiefe auffüllen müssen. Auf größere Flächen bezogen, ist hier die Rede von einer abgelaugten Mächtigkeit in Größenordnungen von 120 – 150 m, die zum Teil von durch den überlagernden Gebirgsdruck empor gedrungenem Rotliegenden, zum Teil von jungen Schuttmassen ausgeglichen werden konnte, nicht aber immer und vollständig. So wirken die Kräfte oder eben auch Schwächen dieser salinaren Ablagerungen bis heute auf die Gestaltung der Oberfläche ein.

Die Salzlaugung hinterlässt „Löcher" in der Landschaft

Es soll nicht vergessen werden, dass mehrere der höchsten Berge außerhalb der zentralen Hohen Rhön aus Zechstein bestehen. Bei Neuhof, ca. 20 km westlich von Fulda, und bei Philippsthal-Unterbreitzbach, zwischen Bad Hersfeld und Bad

Abraumhalden des Kalibergbaus bilden imposante Berge

Die Bezeichnungen **Rotliegendes und Zechstein** entstammen der Sprache der Bergleute. Das rote, auch tote Liegende war bergmännisch nicht nutzbar, der abbauwürdige Teil wurde in der Zeche gewonnen, weil über Tage nicht anstehend. Somit sind das Rotliegende und der Zechstein Begriffe des deutschsprachigen Raumes aus früheren Tagen, die in anderen Regionen dementsprechend anderen Begriffen weichen müssen, der Name Perm hingegen ist auf ein altes Gouvernement am Ural im alten Russland zurückzuführen.

Einen Gruß aus etwa 500 m Tiefe erhalten die Bewohner von Rothenkirchen an ihrem Salzborn. Hier tritt kochsalz- und gipshaltiges Wasser oberflächlich zutage, die Quelle wurde bereits 1501 in einer Aufstellung der Güter der Ritter von Haune erwähnt, dürfte aber Funden zufolge schon in der Kelten-, möglicherweise sogar schon in der Steinzeit bekannt gewesen sein.

Von einem Parkplatz bei der barocken Dorfkirche aus sind es nur wenige Schritte zu der sogenannten Totenbrücke, der wohl ältesten erhaltenen Fußgängerbrücke im ganzen Hünfelder und Fuldaer Land.

Der Monte Kali, eine Abraumhalde des Kalisalzbergbaus bei Neuhof

Salzungen gelegen, erheben sich weithin sichtbar die Abraumhalden der Kalibergwerke, weitere Halden wie die der Wintershall oder bei Hohenroda lassen sich in einem beeindruckenden Panorama vom Soisberg-Turm ausmachen.

Optisch fügen sich die Halden von der Form her recht gut ins Landschaftsbild, die Farbe hilft bei der Wetterprognose. Weiß deutet selbst bei wolkigem Himmel auf geringere Luftfeuchtigkeit hin, also auf bald schöneres Wetter, grau weist auf nahenden Regen hin.

Noch ist keine Lösung für die mit den Halden verbundenen Umweltprobleme in Sicht, auch die Abwässer des Bergbaus bereiten Sorgen. Derzeit wird sogar eine 60 km lange Sicker- und Abwasserpipeline von Neuhof nach Philippsthal in Erwägung gezogen, um dort nach weitgehender Klärung in die Werra einzuleiten. Da sich die Werra erst langsam von früheren Sünden erholt, gibt es entsprechende Proteste. Es ist noch nicht sehr lange her, dass die Werra hier salziger als die Nordsee war.

Die Trias – Wüste und Karibik oder: Abwechslung muss sein

Mit dem Perm endet das Erdaltertum, die Trias-Zeit („die Dreigeteilte") läutete das Erdmittelalter ein. Der Übergang vom Perm zur Trias vollzog sich – zumindest hierzulande – recht unspektakulär. Das Germanische Becken war weiterhin der Sedimentationsraum und Wasserlieferant für seine Randsenken, die umliegenden Hochbereiche schütteten über ihre Flusssysteme immer noch ihre Verwitterungsprodukte. Gäbe es nicht die oberen Zechsteinletten, die sowohl im Bohrkern als auch mit geophysikalischen Methoden gut zu identifizieren sind, wäre die Grenzziehung zum unteren Buntsandstein relativ schwierig.

Die P/T-Grenze

Der Auslöser für die scharfe Trennung zwischen Perm und Trias liegt aber woanders, möglicherweise in Sibirien oder aber in der Antarktis, wie diskutiert wird. An der Grenze Perm–Trias starben nämlich relativ plötzlich, innerhalb von etwa 10 Mio. Jahren, rund 95 % aller marinen und 70 % aller Landwirbeltierarten aus. Gewaltige vulkanische Ereignisse im Raum Sibirien oder Kamtschatka sollen hierfür verantwortlich sein, aber auch ein Meteoriteneinschlag in der antarktischen Region wird in Erwägung gezogen. Beides hätte durch die freigesetzten Massen an Staub und Asche zu einer verringerten Sonneneinstrahlung am Erdboden geführt, womit eine Abkühlung sowie eine Reduzierung der pflanzlichen Produktivität einhergegangen wäre. Das gilt auch für marine Algen am Anfang der dortigen Nahrungskette. Da dies weltweit die gesamte Atmosphäre betraf, war auch das Germanische Becken davon erfasst.

Während sich innerhalb des Riesenkontinentes Pangäa nur eine langsame Weiterentwicklung vollziehen konnte, war an den Rändern des Kontinentes, dem Schelfbereich, die schnelle Expansion neuer Arten in den frei gewordenen ökologischen Nischen möglich. Ganz so schnell ging es in Europa nicht, es war weder tiefes Inland, noch echter Schelf. Dennoch: Hebungen und Senkungen, Ausdehnung und Verkleinerung machten sich infolge epirogenetischer und isostatischer Vorgänge bemerkbar.

> Mit dem Begriff **Epirogenese** werden Vorgänge von Bewegungen in der Erdkruste bezeichnet, die das Aufsteigen oder Absinken von Krustenteilen beschreiben, ohne dass dabei Struktur, Gefüge oder Gesteinszusammenhang beeinflusst werden. Wenn Letzteres geschieht, spricht man von Orogenese. Für die Epirogenese sind zumeist Massenverlagerungen im Erdmantel verantwortlich. Isostasie siehe Kasten Seite 14.

Zurück ins Germanische Becken und die Fulda-Werra-Senke. Arides bis semiarides Klima sorgte weiterhin für reichliche Verdunstung, die Wasserzufuhr erfolgte aber nicht ständig. Durch die Sedimentschüttung aus den Flusssystemen wurde die Senke immer weiter aufgefüllt, nicht aber gleichmäßig, sondern in Form von Schüttkegeln vor den Mündungen und in den Deltabereichen. Damit bildete sich eine unregelmäßige Topographie des Meeresbodens heraus, die auch später durch die überlagernden Sedimente und deren Gebirgsdruck nicht ausgeglichen wurde. Daher sind heute noch unterschiedliche Mächtigkeiten und wechselnde Reliefs zu beobachten, wo der Buntsandstein an die Oberfläche tritt.

Buntsandstein

Nunmehr zeigt sich die Rhön als Sedimentationsbereich für Schüttungen vor allem vom vindelizisch-böhmischen Hoch-

Geologie und Landschaft der Rhön – eine Einführung

Fußabdruck eines Chirotheriums

land, aber das Wasser für Transgressionen wird auch aus der Tethys geliefert. Sandsteine und Konglomerate überwiegen, die Überflutungen aus dem Südosten konnten aber auch zur Bildung flachmariner Sedimente führen.

Moderne Methoden und neue Erkenntnisse erlauben zwar eine bessere Interpretation der Geschehnisse, sorgen aber auch für neue Fragestellungen. Bestimmte Muscheln (*Avicula murchisoni* GEINITZ), die spätestens seit dem Anfang des mittleren Buntsandsteins auftauchen, sind als Bewohner von Brack- oder sogar Süßwasser zu identifizieren; also können sie nicht in einem austrocknenden, langsam zur Salzlake eindampfenden Meer gelebt haben. Konnten die Flüsse so viel Wasser in das Meer einbringen, dass es, statt auszutrocknen, aussüßte? Liegen die Fundorte der Muschelschalen an den Orten, an denen die Muscheln tatsächlich gelebt haben, oder wurden sie durch Strömungen oder Stürme nach dem Tod verdriftet, bevor sie einsedimentiert wurden? Im Sediment lebende Tiere werden eher am Ort verbleiben, Benthonten hingegen von der Sedimentoberfläche wegtransportiert.

Neue Erkenntnisse werfen neue Fragen auf

Tethys: Ozean, der vor der Alpenbildung im Mesozoikum und Alttertiär Europa und Afrika trennte

Fundstätte Eiterfeld s. Seite 37

Offenbar haben sich aber die ersten Vorgänger der Dinosaurier schon im Buntsandstein hier herumgetrieben, auch Raubsaurier, die Pflanzenfressern auflauerten. Größere Chirotherien, die „Handtiere" (aus dem griechischen, wegen der Fährten, die einem Handabdruck ähneln), waren solche Räuber, die je nach Art bis zu 6 – 7 m Körperlänge erreichten, krokodil- und saurierartige Merkmale in sich vereinigten und in der Region, die hier Gegenstand der Beschreibung ist, vorkamen. Neben der ältesten Fundstätte bei Hildburghausen in Thüringen liegt die bedeutendste Lokalität bei einem Ortsteil von Eiterfeld.

Chirotherium barthii, Rekonstruktion des Naturkundemuseums Kassel

Da die Fundstelle in Eiterfeld (noch) nicht wieder zugänglich ist, finden sich dort bei der Interessengemeinschaft der Saurierfreunde außer Abbildungen der Originale auch Verweise darauf, wo Originale oder Abdrücke zu sehen sind (Eiterfeld, Lauterbach, Kassel, Hildburghausen). Zudem darf hier schon verraten sein, dass die Fährtenplatten bei der Erstaufnahme in den 60er Jahren des vergangenen Jahrhunderts nur innerhalb bestimmter Grenzen freigelegt worden sind. Es gibt hier noch viel zu entdecken.

Erdgeschichtlicher Überblick

Ära	Periode	Epoche	Geologische Vorgänge	Entwicklung des Lebens
Mesozoikum	Kreide (65–142)	Oberkreide	Starke Ausbreitung des Meeres, v. a. in der Oberkreide. Beginn der alpidischen Orogenese in den Geosynklinalen der Tethys.	Optimale Entwicklung der Reptilien (Riesensaurier); Saurier sterben jedoch Ende der Kreide aus. Auch Ammoniten und Belemniten sterben aus. Entfaltung der Säugetiere. Blütezeit der Foraminiferen. Mit der Entwicklung der Bedecktsamer beginnt das Käno- oder Neophytikum.
		Unterkreide		
	Jura (142–200)	Malm (Unterer oder Weißer Jura)	Eintiefung der (späteren) alpidischen Geosynklinalen, z. T. Tiefsee. Vorherrschaft des Meeres; auch in Mitteleuropa Schelfmeer statt des festländischen Germanischen Beckens (mit Ausnahmen: z. B. die heutige Rhön). Süddeutschland im Malm Randmeer der Tethys. Im Lias überwiegend tonige, im Dogger sandige, im Malm kalkige Ablagerungen.	Auf dem Land herrschen Farne und Nacktsamer vor (Nadelbäume, Gingkogewächse, Samenfarne u. a.). Saurier, erste Flugsaurier. Im Malm erste Vögel (Archaeopteryx). Säugetiere mit Kleinraubtieren und Insektenfressern. Im Meer Riesensaurier, Fische, Ammoniten, Belemniten, Schnecken, Muscheln, Seeigel, Korallen, Schwämme, Foraminiferen, Radiolarien.
		Dogger (Mittlerer oder Brauner Jura)		
		Lias (Unterer oder Schwarzer Jura)		
	Trias (200–251)	Keuper	In Mitteleuropa Germanisches Becken mit festländischen und flachmarinen Ablagerungen (Germanische Trias); im oberen Buntsandstein Salzbildungen. In der alpidischen Geosynklinale (Tethysmeer, u. a. im heutigen Alpen- und Mittelmeerraum) marine Ablagerungen (alpine oder pelagische Trias). Weiterer Zerfall des Gondwana-Kontinentes.	Nacktsamer herrschen vor, daneben Schachtelhalme und Farne, Kalkalgen als Riffbildner. Unter den Landtieren überwiegen Reptilien (Saurier), in Binnengewässern Fische und Amphibien. Im Meer Muscheln als häufigste marine Fossilien, Brachiopoden und Ammoniten. Die Tetrakorallen werden durch die Hexakorallen ersetzt. In der obersten Trias bereits erste kleine Säugetiere.
		Muschelkalk		
		Buntsandstein		

Fossilfunde und Sedimentstrukturen belegen, dass es, zumindest phasenweise, Areale mit einer Vegetation gab, die zwar nicht mit heutigen Wäldern vergleichbar ist, aber doch auch Baumbestände aufwies. Dort lebten sowohl Pflanzenfresser als auch carnivore Räuber, die Klimaverhältnisse waren tropisch. Neben den Flachmeerzonen gab es weiter landeinwärts

carnivore Tiere: fleischfressende Tiere, auch Aasfresser

Geologie und Landschaft der Rhön – eine Einführung

auch Süßwasservorkommen. Ein tropisches Flachmeer, exotisch anmutende Pflanzen und Tiere lassen unwillkürlich an die Karibik denken, daneben gab es aber auch Regionen und Zeiten, in denen eher lebensfeindliche wüstenartige Bedingungen herrschten. Weite Sandflächen, eindampfende Salzseen und Lagunen würde man heute im nördlichen Afrika finden. Hierzu ist relativierend anzumerken, dass hier von einem Zeitalter einer ausklingenden Gebirgsbildung mit bewegter Morphologie und einem Zeitraum von etlichen Millionen Jahren die Rede ist.

Muschelkalk

Abb. zu Paläogeographie s. nebenstehende Seite

In der Zeit des Muschelkalks, die durch die vollständig erhalten gebliebene Abfolge und die etwas zahlreicheren Aufschlüsse besser bekannt ist, kam die Burgundische Pforte als Zutrittsquelle für frisches Meerwasser aus dem südlich gelegenen Tethysraum hinzu. Die Sedimentationsverhältnisse änderten sich dahin gehend, dass nun im Flachwasser kalkige Sedimente zur Ablagerung kamen. Diese Verhältnisse herrschen heute z. B. in der Karibik. Auch dort bilden sich Oolithe, Kalkkügelchen, um einen Kristallisationskern, die durch die Wasserbewegung gerundet werden. Schaumkalke zeugen davon, dass lösliche Salze aus den Hohlräumen gelöst wurden. Solche und andere kalkige Bildungen kennzeichnen diesen Zeitabschnitt.

Neben den eindeutig flachmarinen Sedimenten treten aber auch Kalke auf, die dem tieferen Wasser zuzuordnen sind. Der Einfluss der Tethys machte sich also auch in der Gesteinsbildung bemerkbar. Der verstärkte Zufluss traf zeitlich dabei auch mit der saxonischen Gebirgsbildung zusammen, die der variszischen folgte. Dabei tieften sich auch Becken wie die Hessische Senke weiter ein, wurden somit Ablagerungsraum für Sedimente.

Als **saxonische Tektonik** oder auch Ära werden die in mehreren Phasen erfolgten tektonischen Bewegungen im Anschluss an die variszische Gebirgsbildung bezeichnet. Hierbei wurden die flach gelagerten Gebirgsschichten Druck- und Scherkräften ausgesetzt, die letztendlich entlang von Verwerfungslinien zur Ausbildung von Bruchschollen führten. Hierbei wurden die Einzelschollen vertikal und horizontal gegeneinander versetzt. Auch großflächig wurden Schwellen- und Grabenstrukturen gebildet, die bis in die älteren Zechsteinablagerungen reichen können und dort die Subrosion ermöglichen und fördern. Obwohl andere gebirgsbildende Prozesse anderer Regionen wie z. B. die alpidische Orogenese Einfluss nahmen, wird als saxonische Ära im weiteren Sinne der Zeitraum seit dem Ende des Karbons bezeichnet.

Erdgeschichtlicher Überblick

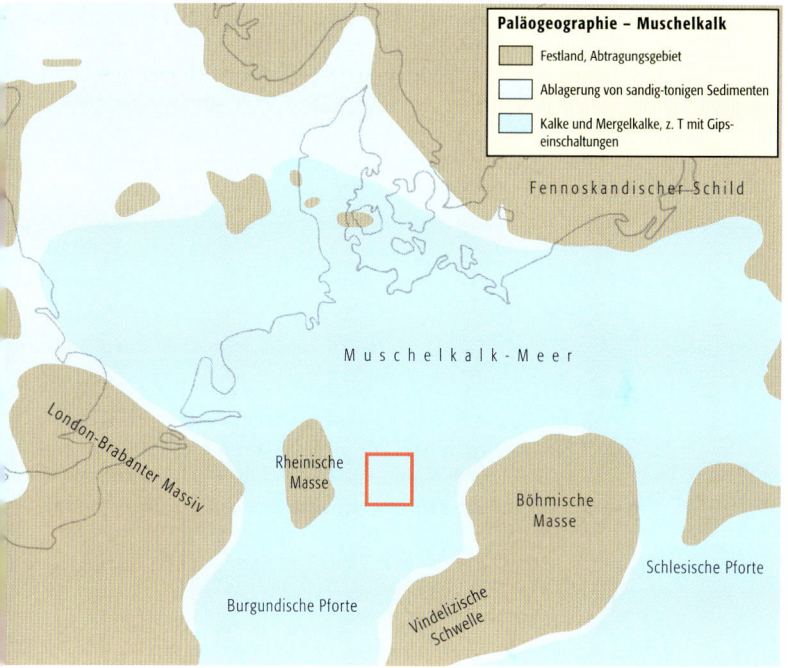

e paläogeographische Situation in Europa zur Zeit des Muschelkalks in der Trias. Veränrt nach R. Walter (2003).

Muschelkalk-Gesteine finden sich im beschriebenen Gebiet vor allem im nördlichen Teil, also im Hessischen Kegelspiel und dem unteren Ulstertal, weiter südlich in der höheren Rhön sind sie weitgehend der Abtragung zum Opfer gefallen.

In oder bei vielen Orten finden sich Bezeichnungen oder Straßennamen wie „Am Kalkberg" oder auch „Am Kalkofen"; das Material wurde früher vornehmlich als Baustoff zu verschiedenen Zwecken abgebaut und verarbeitet. Leider sind die meisten alten Steinbrüche heute aufgelassen und verwildert, wenn sie überhaupt dem früher üblichen Schicksal entgangen sind und nicht mit Müll verkippt wurden. Dafür verdanken wir der regen Bautätigkeit auch mit Natursteinen sehr viele „Aufschlüsse" in Form von Mauern und Wänden, die keine Zuordnung zu den genauen Herkunftsorten und Lagerungsverhältnissen mehr zulassen, aufgrund ihres Fossilinhaltes jedoch oft die

Viele Namen zeugen von der Bedeutung des Kalkes als Rohstoff

Geologie und Landschaft der Rhön – eine Einführung

zeitliche Einstufung erlauben und gut zugänglich sind. Gegen eine Lupe ist nichts einzuwenden, den Hammer sollte man hier jedoch bitte im Rucksack lassen.

Fossilien in Muschelkalk-sedimenten

Seinem Namen macht der Muschelkalk im beschriebenen Gebiet oft alle Ehre. Muscheln treten bereichsweise gesteinsbildend auf, daneben aber auch Brachiopoden, die Stielglieder von Seelilien (Trochiten), Schnecken, Ammoniten und manch anderes Fossil, gelegentlich sogar Reste von Fischsauriern.

Durch die länger andauernde und intensivere Nutzung der Rohstoffvorkommen sind die Aufschlussverhältnisse auf der thüringischen Seite des vorgestellten Gebietes besser. Dem Rohstoff wurde wirtschaftliche Bedeutung beigemessen, das Abfallrecycling- und -entsorgungssystem anders als in Hessen oder Bayern organisiert und Landschaftsplanung unterlag zu Zeiten der DDR anderen Maximen als im „Westen". So sind einige Steinbrüche wie bei Geisa-Borsch oder Schafhausen nahe Kaltensundheim heute noch in Betrieb, auf Nachfrage auch begehbar. Auch diverse Straßenanschnitte konnten der Verkehrsplanung entgehen, im hessischen Großentaft wurden am ehemaligen Bahnhof kürzlich sogar neue geschaffen, deren Besuch auch lohnenswert ist.

Da die Muschelkalk-Abfolge einerseits umfangreich und auch vollständig vorhanden ist, andererseits aber auch in ihrer lokalen Ausprägung stark variiert, wird ihr bei den entsprechenden Darstellungen sowohl zum Hessischen Kegelspiel als auch zum Ulstertal weitere Aufmerksamkeit gewidmet.

Keuper

Gesteine des Keupers treten zwar noch im Norden des beschriebenen Gebietes in Erscheinung, dort vor allem im Bereich der Orte Rasdorf, Großenbach, Geismar, Haselstein oder westlich von Föhlritz. Es handelt sich dabei jedoch nur noch um Verwitterungsprodukte, anstehendes Festgestein konnte nicht bestätigt werden. Weder war bei Begehungen eine Unterscheidung zwischen unterem und mittlerem Keuper sicher möglich (der obere Keuper fehlt ganz), noch konnten die in den Erläuterungen zu den geologischen Karten aufgeführten Fossilfundstätten aufgefunden oder als lohnende Ziele identifiziert werden.

Mergel: toniges Sediment mit 30 – 65 % Kalkanteil

Es handelt sich beim unteren und mittleren Keuper um Ton-, Mergel- und Schluffsteine, auch um Feinsandsteine, Dolomite oder Mergelkalksteine. Durch ihre strukturelle Beschaffenheit und den Verwitterungsgrad sind diese Sedimente für die acker-

Erdgeschichtlicher Überblick

bauliche Nutzung geeignet, dementsprechend ist der Sammler auf Lesesteinen und vereinzelte Weganschnitte angewiesen.

Nach Abschluss der Hebungsvorgänge und Meeresspiegelveränderungen wurde die Rhön verlandetes Abtragungsgebiet, wodurch auch die älteren Keuperschichten in Mitleidenschaft gezogen wurden. Der mittlere oder Gipskeuper besteht oder besser: bestand aus Ton-, Mergel- und Kalksteinen mit salinaren Einlagerungen, von denen, wenn überhaupt, nur noch Residualbildungen vorhanden sind. Diese sind im Gelände nur schwer zu identifizieren. Da keine zusammenhängenden Gesteinspakete mehr vorliegen, ist die stratigraphische Einstufung von Einzelfunden schwierig. Gesteine des oberen Keupers sind im beschriebenen Gebiet nicht nachgewiesen.

Seit spätestens im Jura, genauer im Dogger, die Mitteldeutsche Schwelle sich über den Meeresspiegel erhoben hatte, erfolgte statt Ablagerung eine Abtragung. Nicht nur das Gebiet der heutigen Rhön, weite Teile Deutschlands und angrenzender Regionen waren betroffen. Die Hebungsvorgänge sind auch im Zusammenhang mit der saxonischen Gebirgsbildung zu sehen.

Später kam es erneut zu Ingressionen und Ablagerungsvorgängen, nicht jedoch im Bereich der Rhön, sondern südlich und nördlich der Schwellenregion. Hier sei auf die Jura-Ablagerungen der schwäbisch-fränkischen Alb und die Kreide der Münsterländer Bucht hingewiesen.

Während im Süden die marinen Verhältnisse mit wechselnden Wassertiefen erhalten blieben und die ganze Abfolge des Jura mit Kalken und Tonen zur Ablagerung kam, finden sich nur geringe Reste aus dem Jura im nördlichsten Hessen bzw. im Grenzgebiet zu Niedersachsen und Nordrhein-Westfalen, etwa bei Willebadessen oder Listringen am Rande der Borgentreicher Keupermulde. Dafür tiefte sich das Meer regional im Rahmen der saxonischen Tektonik in der Kreidezeit ein, mehrere

Ton, Schluff, Feinsand: Sedimentpartikel mit einem Durchmesser von < 0,002 mm, 0,002–0,063 mm bzw. 0.063–0,2 mm

Dolomit: aus Magnesiumcalciumkarbonat, $CaMg(CO_3)_2$, bestehendes Sediment

Jura und Kreide

Mitteldeutsche Schwelle: bogenförmiger Höhenzug, etwa entlang der Linie London – Brüssel – Köln – Erfurt – Prag – Wien

---

Die Grenze zwischen der Kreide und dem Tertiär, die sogenannte **K/T-Grenze**, wurde – wahrscheinlich – durch einen gewaltigen Meteoriteneinschlag geprägt, der wohl zur Entstehung des Golfes von Mexiko beigetragen hat. Die dadurch hervorgerufenen Wolken aus Asche und Partikeln haben Klimaveränderungen bewirkt, die für ein Aussterben sehr vieler Tier- und Pflanzenarten, z. B. der Dinosaurier, verantwortlich gemacht werden. Der Ausbruch eines Megavulkanes wird allerdings auch in Erwägung gezogen. In beiden Fällen wäre eine Veränderung der Lebensbedingungen gravierenden Ausmaßes die Folge gewesen.

Geologie und Landschaft der Rhön – eine Einführung

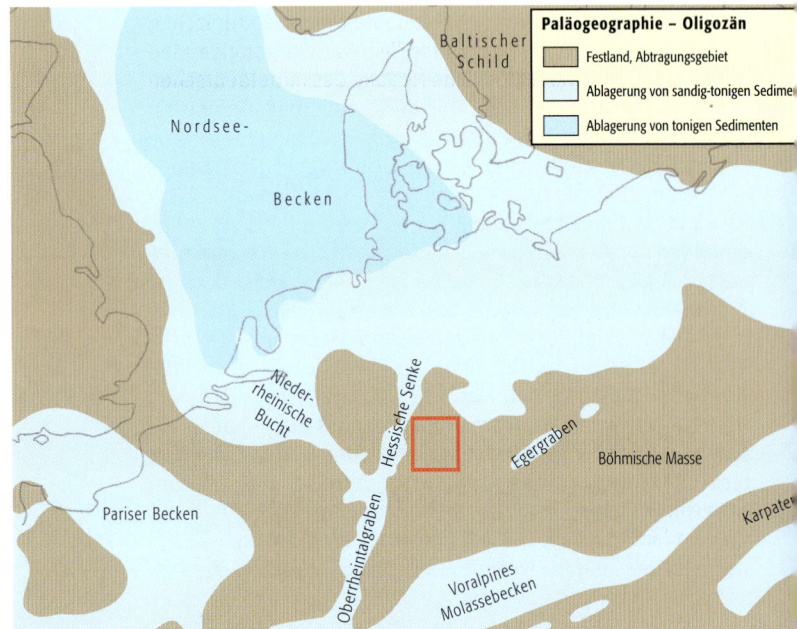

Die paläogeographische Situation in Europa zur Zeit des Oligozäns im Tertiär. Von den damaligen Festlandsbereichen sind Ablagerungen in Form von Umlagerungs- und Süßwassersedimenten erhalten geblieben. Verändert nach R. Walter (2003).

hundert Meter mächtige Kalk-, Ton- oder Mergelsteine zeugen von der veränderten Situation. Die Rhön blieb aber über einen Zeitraum von mehr als 150 Millionen Jahren als Festland Abtragungsgebiet. Gesteine jüngeren Datums lassen sich erst wieder aus der Zeit des Tertiärs finden.

Das Tertiär – der Vulkanismus oder: Afrika und die Alpen lassen grüßen

Mit dem Tertiär beginnt die Erdneuzeit, gekennzeichnet durch das Aussterben der Saurier, den endgültigen Aufstieg der Säuger im Tierreich und dramatische landschaftsprägende Ereignisse. Die Verteilung der Kontinente zu dieser Zeit ähnelte in groben Zügen bereits der der heutigen.

Schichtlücke hinterlässt Unklarheiten

Aufgrund der Schichtlücke zwischen dem Dogger und dem Alttertiär ist bis heute unklar, ab wann die Landschaft ein flachwelliges Gepräge mit Seen, Wasserläufen und subtropischen Klimabedingungen aufwies. Lange Zeit war die gängige Meinung, dass durch die tektonische Hebung des mitteldeutschen Raumes im Zusammenhang mit der alpidischen Gebirgsbildung nur Reste aus dem Jungtertiär erhalten geblieben sind.

Um die Unterscheidung von der alten Kristallinschwelle deutlicher zu machen, sollte hier eher vom hessischen Bergland gesprochen werden, auch wenn diese Hebung praktisch den gesamten Bereich zwischen dem Rheinischen und dem Böhmischen Massiv betraf. Die Hebung setzte spätestens im Dogger ein und dauerte bis mindestens ins Alttertiär an.

Mittlerweile steht fest, dass die Funde aus den Ablagerungen eines Sees bei dem heutigen Poppenhausen-Sieblos nahe der Wasserkuppe dem Unteroligozän zuzuordnen sind, also rund 15 Millionen Jahre älter sein dürften als früher angenommen. Für das Fehlen ausgedehnterer Tertiärvorkommen ist aber nicht nur die Hebung und damit verbundene Abtragung verantwortlich. Die später folgende heftige vulkanische Aktivität zerstörte oder überdeckte sicherlich manch älteres Zeugnis.

Die Faunen- und Florenlisten der tertiären Fossilfundstellen zeigen, dass auch in der Rhön eine Veränderung in der Zusammensetzung stattgefunden hat. Kreidezeitliche Reliktformen sind nicht mehr vertreten. Die südländisch anmutende Fauna und Flora ist darauf zurückzuführen, dass die Rhön im Unteroligozän noch vor der alpidischen Orogenese weitaus südlicher lag als heute.

Fauna und Flora zeigen im Tertiär Neuerungen

Bei den Gesteinen ist zwischen den Vulkaniten, die heute das Bild der Landschaft prägen, und den nicht minder interessanten Sedimenten zu unterscheiden. Die Sedimente weisen auf festländische Bedingungen hin, wobei die Ablagerungen in ehemaligen Seen und anderen Gewässern die aufregendsten Erkenntnisse lieferten. Es handelt sich um Sande, Tone und Mergelkalke, lokal mit Braunkohleneinschaltungen oder bituminösen Komponenten. Nach dem Einsetzen der vulkanischen Aktivitäten im Oberoligozän kamen fluviatile vulkaniklastische Sedimente hinzu, vereinfacht: Gesteinsschutt der Vulkane wurde von fließendem Wasser transportiert und abgelagert.

Verbreitete tertiäre Gesteine in der Rhön

Nachdem plattentektonische Vorgänge die Verteilung der Kontinente noch einmal verändert hatten, tat sich auch im Bereich der Rhön einiges. Die Kollision des afrikanischen Kontinents mit Europa (alpidische Orogenese) wirkte sich weiter

Die Alpenbildung verändert auch die Region der Rhön gravierend

Geologie und Landschaft der Rhön – eine Einführung

Ära	Periode	Epoche	Geologische Vorgänge	Entwicklung des Lebens
Känozoikum	Quartär 0–1,8	Holozän	In der Nacheiszeit (Postglazial) sehr stark regional differenzierte Stratigraphie. „Steinzeiten", Metallzeiten (v. a. Bronze und Eisen), Menschheitsgeschichte.	Kulturelle Entwicklung und Differenzierung der Menschheit. Der Mensch verändert seine natürliche Umwelt.
		Pleistozän	Im Pleistozän infolge starker Klimaschwankungen mehrfacher Wechsel von Kalt-/Eiszeiten (Glaziale) und Warmzeiten (Interglaziale).	Den Klimaschwankungen entsprechende Veränderungen der Tier- und Pflanzenwelt. Rasche Entwicklung des Menschen. Mammut, Wollnashorn, Säbelzahnkatzen u. a.
	Tertiär 1,8–65	Pliozän	Höhepunkt der alpidischen Orogenese. Faltung und Hebung im Bereich der Alpen und Südeuropas.	Auf dem Land Blütenpflanzen und Nadelhölzer. Entfaltung der Säugetiere, besonders der Raubtiere, Huftiere und Primaten.
		Miozän	Außerhalb der Geosynklinale Bruchtektonik und Vulkanismus, Herausbildung der heutigen Festlandsräume.	Seit dem Paläozän Halbaffen; aus ihnen gingen wahrscheinlich im Pleistozän die Hominoidea (Menschenartige) hervor.
		Oligozän	Bildung von Braunkohlen und Salzlagerstätten. Im Jungtertiär allgemeiner Temperaturrückgang v. a. auf der Nordhalbkugel.	Sog. Tier-Mensch-Übergangsfeld im Pliozän. Zahlreiche Reptilien und Insekten, Säugetiere auch im Meer (Seekühe, Wale, Robben).
		Eozän		
		Paläozän		Vorherrschende Meeresbewohner Foraminiferen, Bryozoen, Muscheln, Schnecken, Seeigel, Knochenfische.

Tertiärer Vulkanismus

nördlich durch Bruchtektonik aus. An den Bruchzonen konnte nun Magma aufdringen, was entscheidend zur Prägung der Landschaft beitrug.

Zu den meist diskutierten Fragen der Rhöner Geologie gehört, von wann bis wann dieser Vulkanismus stattfand. Wenn auch weitgehende Einigkeit herrscht, dass in der nördlichen Kuppenrhön vom mittleren Miozän bis mindestens ins ältere Pliozän noch eine starke Aktivitätsphase lag, werden bis heute Beginn und Ende diskutiert.

Die vulkanischen Ereignisse dauerten auf jeden Fall bis ins Mittelmiozän an, wobei zu berücksichtigen ist, dass nur ein Teil der Berge und Kuppen als Vulkan bezeichnet werden darf. Vielfach drangen die Magmen nur bis in Oberflächennähe in die Sedimente der Trias empor, ohne dass es zur Eruption kam. Spätere Erosion legte diese Kuppen erst frei. Die emporgedrungenen Gesteine gehören der Alkalibasalt-Trachyt-Phonolith-Sippe an, die weltweit verbreitet ist. Dies darf aber nicht darüber hinwegtäuschen, dass innerhalb der Abfolge eine große Vielfalt von Zusammensetzungen, Varianten und Erscheinungsformen möglich und hier in der Rhön auch vorhanden ist. Eruptiva, Schlotfüllungen oder Deckenergüsse und Intrusionen zeigen unterschiedlichen Chemismus, sind zudem auch zeitlich und regional verschieden.

Die Variabilität im Chemismus weist auch auf Unterschiede bei den Temperatur- und Druckverhältnissen im Untergrund hin. Umso erstaunlicher ist die Konstanz der chemischen Zusammensetzung zwischen zwei Millionen Jahre auseinanderliegenden Deckenergüssen an einem Ort, während wenige Kilometer entfernt eine ganz andere Zusammensetzung und Abfolge gefunden wird.

Schematische Entwicklung einer Bruchschollenlandschaft mit Vulkanismus.

Mehr zum Chemismus im Kap. „Die basaltische Abfolge"

Im Zusammenhang mit vulkanischen Ereignissen wird im Folgenden der Begriff „Abfolge" in einem sehr allgemeinen Sinn gebraucht. Es handelt sich dabei nicht zwingend um eine vertikale Abfolge, d. h. nach- und übereinander abgelagerte Gesteine. Früh geförderte Tuffe oder Laven können von späteren Eruptionen überdeckt worden sein, aber auch nebeneinander lagern. Ebenso wenig ist über größere Flächen von einer reinen zeitlichen Abfolge auszugehen. Förderphasen müssen keineswegs überall gleichzeitig stattgefunden haben. Daher sind Abfolgen jeweils kleinräumig einzuordnen.

Tuff: vulkanische Auswurfmassen wie Aschen oder Schlacken

Geologie und Landschaft der Rhön – eine Einführung

> Die **Unklarheiten über den Beginn und das Ende des Rhöner Vulkanismus** sind darin begründet, dass der Vulkanismus auch das Resultat überregionaler geologischer Vorgänge ist, die sich bis in die Rhön und weit darüber hinaus ausgewirkt haben:
> - Auslöser für die vulkanischen und tektonischen Aktivitäten war die Kollision der europäischen mit der afrikanischen Kontinentalplatte
> - Während etliche hundert Kilometer südlich die Kollision zu Faltentektonik und zur Bildung u. a. der Alpen führte, lösten sich die Untergrundspannungen nicht nur im Bereich der Rhön als Bruchschollentektonik
> - Zwischen den Ereignissen im alpidischen Raum und Rhön und Vogelsberg lagen zeitliche Verschiebungen, meist dürften die Auswirkungen aus dem Alpenraum die Rhön mit einiger Verzögerung erreicht haben
> - Zeitliche, strukturelle und fazielle Unterschiede erschweren die Parallelisierung zwischen der alpidischen und germanischen Stratigraphie
> - Frühe Gaseruptionen an Bruchschollenkanten sind nicht mehr nachweisbar
> - Tuffe unterliegen insbesondere in subtropischen Klimaregionen sehr stark der Erosion, können also vorhanden gewesen, aber mittlerweile verwittert oder erodiert sein
> - Angetroffene Laterite deuten auf längerfristige Pausen zwischen Eruptionsphasen hin, auch wenn die Eruptiva in ihrem Chemismus mehr oder weniger identisch sind

Fazies: Summe der primären lithologischen und paläontologischen Merkmale eines Sediments

Laterit: von Eisen- und Aluminiumoxiden geprägtes Verwitterungsprodukt tropischer Klimate; Lateritaufschluss s. Seite 53

Eiszeitliches Geschehen

Das Quartär – wenig Eiszeit, viel Natur

Setzte bereits im ausgehenden Tertiär eine Klimaverschlechterung ein, erreichte diese im Pleistozän neue Höhepunkte. Durch die Hebungsvorgänge im Rahmen der alpidischen Gebirgsbildung, die schon im Alttertiär, im oberen Oligozän, begonnen hatten, waren entsprechende Hochlagen entstanden, die dann natürlich auch zur Eintiefung von Tälern durch Erosion führten. Begünstigt wurde dies dadurch, dass die von Norden und Süden vorrückenden Gletscher der pleistozänen Vereisungen die Rhön nicht überschritten. Der Boden unterlag zwar häufig Permafrostbedingungen, blieb aber ansonsten eisfrei. Speziell in den Interglazialen und Interstadialen konnten sich dann Fließerden und Hangrutschmassen bilden.

Da die Vegetation den Verhältnissen einer Tundra ähnelte und daher recht spärlich war, konnte intensive physikalische Verwitterung angreifen. Durch eine starke Wasserführung der Flüsse und Bäche in den Warmzeiten wurden die Verwitterungsprodukte jedoch auch wieder ausgeräumt. Obwohl sich dieser Vorgang öfter wiederholte, sind durch die spätere Erosion kaum Terrassenbildungen dieser Zeit erhalten. Lediglich einige Niederterrassensedimente, üblicherweise unter Auelehmbedeckung, sind zu verzeichnen. Auch die in der Rhön häufig anzutreffenden Blockschutthalden verdanken ihre Entstehung dieser Zeit.

Zum einen aus den Schotterflächen der Flüsse, vor allem aber aus den vegetationslosen Hochlagen und den Eisrandgebieten wurde ein weiteres Sediment äolisch angeliefert, von dem einiges inzwischen wieder erodiert ist, aber immer noch erhebliche Flächen einnimmt: Löß bzw. Lößlehm.

äolisch: durch Wind verfrachtet

Bis heute wirksame Wasserscheiden bildeten sich bereits früh heraus. Die Linienführung folgt den alten saxonisch angelegten Strukturen, im Pleistozän entstanden wichtige Trennlinien. In der nördlichen Kuppenrhön ist dies in erster Linie die Scheide zwischen der Fulda und der Ulster / Werra; ebenfalls bedeutsam ist die Trennung im westlichen Teil zwischen den Zuflüssen zur Fulda und zur Kinzig, damit zum Main. Weiter im Süden trennt eine Wasserscheide die Fränkische Saale mit ihren Nebengewässern von der Ulster und der Fulda.

Heutige Wasserscheiden

Mit dem milderen Klima im Holozän gingen wichtige Veränderungen bei der Vegetation einher. Die Rhön wurde zu „Buchonia", dem Land der Buchen. Sie bedeckten großflächig das Land, die geschlossene Walddecke reduzierte die Erosion erheblich, Abtragung und Neubildung wurde auf die Talauen verlagert bzw. reduziert. Dies änderte sich allerdings spätestens mit den in der Bronze- und Eisenzeit beginnenden großflächigen Rodungen.

Die Nacheiszeit

Da die Hänge seither wieder offen lagen, konnte die Erosion wieder stärker angreifen. Da jedoch die Gipfel der Kuppen auch in den flacheren Teilen der nördlichen Rhön durch die Vulkanite als landwirtschaftliche Nutzflächen unbrauchbar waren, blieb dort der Wald erhalten, was noch heftigere Erosion eindämmte. In der Hochrhön waren die Bedingungen eben durch die Höhenlage und die geologischen Gegebenheiten anders. Die Bewaldung war viel spärlicher, die Nutzbarkeit aber noch mehr eingeschränkt.

Die Beeinflussung der Landschaft durch den Menschen setzt ein

Die Verwandlung von der Natur- zur Kulturlandschaft ließ das „Land der offenen Fernen" entstehen, die Bewahrung dessen ist heute eine bedeutende Aufgabe des Biosphärenreservates. Dazu werden Maßnahmen wie die extensive ganzjährige Grünlandbeweidung oder gezielte Pflegemaßnahmen durch die Beweidung mit Schafen und Ziegen eingesetzt. Ohne diese Hilfen würde erst die Gehölzsukzession und dann die Bewal-

Geologie und Landschaft der Rhön – eine Einführung

Steinzeitliche Besiedelung ist zwar auch schon nachgewiesen, so etwa durch Werkzeuge (sog. Chopper) bei Großenbach nahe Hünfeld oder durch Werkzeuge und einen Mahlstein am Stallberg zwischen Rasdorf und Buttlar, doch **die Kelten nahmen den größten Einfluss auf das Landschaftsbild**. Nachdem schon früh erste Handelswege zwischen dem Rhein-Main-Gebiet und Erfurt und Leipzig existierten, nämlich die Antsanvia („der alte Weg"), waren es die sesshaft gewordenen Bauern keltischen Ursprungs, die nicht nur Viehhaltung, sondern auch Landwirtschaft betrieben.

Nicht nur hierfür mussten Flächen gerodet werden; der größte Kahlschlag und Raubbau begann, als die Bearbeitung des Eisens entdeckt worden war. Aus Eisen ließen sich nicht nur effektive Waffen herstellen, mit Eisenpflügen ließ sich auch der harte und steinige Boden sehr viel besser bearbeiten. So holte man sich den zur Verhüttung notwendigen Brennstoff aus dem Wald und gewann auch gleich noch neue Ackerflächen. Aus Buchonia wurde das Land der offenen Fernen. Die Rhön in ihrer heutigen Form ist keine Natur-, sondern eine Kulturlandschaft.

So finden sich Relikte aus der Keltenzeit in der Kuppenrhön sehr häufig, mit zunehmender Höhe dagegen immer seltener. Eine Ausnahme bildet das Oppidum auf der Milseburg, die wohl bedeutendste keltische Siedlung der Rhön.

Mehr zur Milseburg s. Seite 67 und Kasten Seite 69.

dung einen Zustand wiederherstellen, wie er (vor-)steinzeitlich Bestand hatte.

Die Region bietet so viel Interessantes, dass es sich anbietet, sie in mehreren Abschnitten zu erkunden. Die Kuppenrhön im Norden unterscheidet sich morphologisch und auch geologisch so deutlich von der Hochrhön, dass sie eine eigene Exkursion wert ist. Auch das Tal der Ulster, welches im Osten die beiden Teile miteinander verbindet, hat seinen eigenen Reiz. Lassen sich für die Kuppen- und die Hochrhön noch Empfehlungen für Rundwege geben, ist das Ulstertal naturgemäß langgestreckt, kann aber somit als „Verbindungsetappe" gesehen werden. Der Übergang von einem in den angrenzenden Bereich ist jederzeit möglich.

Als Ausgangspunkt ist – großräumig betrachtet – Fulda empfehlenswert. Hünfeld, Gersfeld oder auch Tann sind sowohl per PKW als auch mit öffentlichen Nahverkehrsmitteln problemlos zu erreichen.

Erdgeschichtlicher Überblick

Gestein		Zechstein	Buntsandstein U M O	Muschelkalk U M O	Keuper U M[5)]	Tertiäre Sedimente U[1)] O[1)]	Tertiäre Vulkanite U[1)] O[1)]	Quartär	Kuppenrhön	Hohe Rhön
Sulfatgesteine	Gips									
	Anhydrit									
Chloride	Steinsalz									
	Kalisalz									
Carbonatgesteine	Kalk									
	Dolomit									
	Mergelstein									
Klastische Gesteine	Sandstein									
	Kalksandstein									
	Quarzit									
	Tonstein, tonig									
	Tonstein, schluffig									
	Tonstein, sandig									
Vulkanite	Basalt i. w. S.									
	Basanit									
	Phonolith									
	Trachyt [2)]									
Vulkaniklastite	Epiklastit									
	Pyroklastit									
Kristallingesteine										
Braunkohle										
Löß, Lößlehm										
Auenlehm										
Hangschutt										

Legende:
- Hauptbestandteil
- Häufiger Bestandteil
- Seltener Bestandteil
- Nebenbestandteil
- seltener, aber interessanter Nebenbestandteil
- nur im Untergrund nachgewiesen
- Tiefengestein, vulkanisch mitgeschleppt

[1)] hier im Sinne von: unteres Tertiär = Paläozän, Eozän und Unter-Oligozän, oberes Tertiär mit dem Einsetzen des Vulkanismus = Ober-Oligozän, Miozän und Pliozän
[2)] zur Unterscheidung Trachyt/Phonolith s. Kapitel „Die basaltische Abfolge"
[3)] Calcitknollen und sandige Lagen im Tonstein werden als Rückstände ehemaliger Gipssteinlager gedeutet

Die Tabelle fasst die wichtigsten Gesteine des beschriebenen Gebietes zusammen. Die mengenmäßige bzw. flächige Verteilung geht aus dieser Übersicht nicht hervor. Gesteine des Keupers oder tertiäre Sedimente erscheinen hier gleichrangig mit anderen Gesteinen. Sie nehmen aber im gesamten Gebiet nur wenige Quadratmeter (!) ein, Basalte hingegen viele 10er bis 100er Quadratkilometer.

Die nördliche Kuppenrhön – Willkommen im Kegelverein

Den ersten Teil unseres Streifzuges bildet das „Hessische Kegelspiel", eine Landschaft, in der Vulkankegel ähnlich wie bei einem Kegelspiel angeordnet sind. Diese Anordnung folgt den Strukturen der Bruchschollentektonik tertiären Ursprungs, als sich die alpidische Gebirgsbildung hier nicht in Faltungen, sondern in der Zerlegung des Untergrundes in einzelne gegeneinander verschobene Blöcke äußerte. An den Störungen konnte Magma aufdringen, welches östlich von Hünfeld ein einmaliges Landschaftsbild formte, eben das Hessische Kegelspiel.

Abb. Bruchschollentektonik s. Seite 29

Die weiten, beckenartigen Senken des Kegelspiels haben eine Höhenlage um 300 m ü. NN. Sie sind von Kuppen umgeben, deren mittlere Höhe bei etwa 400 m liegt. Einige wenige Berge wie der Stall- oder der Schleidsberg überschreiten die 500-m-Marke, der Soisberg stellt mit über 600 m ü. NN eine Ausnahme dar. Auf diesem Niveau liegen schon viele Flächen im Bereich des Übergangs zur Hohen Rhön. Die Hangneigungen im Kegelspiel überschreiten selten 10 %. Dies trifft auch auf den Anstieg zum Soisberg zu, der nur durch den Gesamthöhenunterschied so anstrengend wirkt.

Die Langen Steine auf dem Stoppelsberg

Am Anfang steht hier zunächst eine Lokalität, die nur mit Einschränkungen zum Kegelspiel zu rechnen ist, der Stoppelsberg mit den Langen Steinen und der Burgruine Hauneck. Hier bietet sich die Anfahrt in Richtung Fulda bzw. dann in Richtung Hünfeld auf der B 27 an. Nördlich von Burghaun lädt dann Rothenkirchen mit seinem Salzborn, der Totenkirche und der alten Fußgängerbrücke zu einem kurzen Stopp ein. Weiter in Richtung Bad Hersfeld zweigt bei der Gaststätte „Sennhütte" eine kleine Straße nach Unterstoppel ab. In diesem Ort folgt man der Ausschilderung zu den „Langen Steinen". Der Weg führt über Felder bis zu einem Gehölz am Waldrand. Von hier aus sind die Langen Steine noch nicht

Einer der „Langen Steine" auf dem Stoppelsberg

direkt sichtbar, doch dringt man wenige Meter in das Gebüsch ein, liegen der kleine alte Steinbruch und die gewaltigen Monolithe vor einem.

Der Größenvergleich mit dem auf dem Bild sichtbaren erwachsenen Mann lässt die Dimensionen dieser Blöcke erahnen. Es handelt sich um Buntsandsteine, deren Herkunft ebenso umstritten ist wie der Sinn und Zweck, für den sie gedacht waren. Der mittlere Buntsandstein des unmittelbar daneben gelegenen kleinen Steinbruches würde zwar von der Zusammensetzung und der altersmäßigen Einstufung übereinstimmen, ist aber derart zerrüttet, dass es sehr unwahrscheinlich ist, dass solche Monolithe daraus gewonnen werden konnten. Bei Längen von bis zu 15 m ist aber auch ein längerer Transportweg kaum möglich. Ebenso unklar ist, was man mit einem halben Dutzend solcher Blöcke unterschiedlicher Dicke und Länge eigentlich vorhatte. Gedankliche Deutungsansätze reichen von keltischen Kultstätten über mittelalterliche Bautätigkeiten bis zu einem Monumentalbau für einen späteren Regenten der nahen Burg Hauneck.

Diese ist von den Langen Steinen aus zu Fuß zu erreichen oder man fährt von Unter- Richtung Oberstoppel und folgt bei der Jugendbildungseinrichtung dem Hinweisschild. Zeitweise ist die Zufahrt durch eine Schranke versperrt, dann wird ein kleiner Fußmarsch bergauf (bis auf immerhin 523,9 m ü. NN) nötig. Der lohnt aber, denn die Burgruine ist nicht nur ein Kulturdenkmal, der alte Burgfried wurde auf Basalten mit säuliger Absonderung gegründet.

Sie sind besonders auf der südlichen Seite im Burghof gut sichtbar. Ihr Durchmesser beträgt 20 – 50 cm, meist 30 cm. Das Gestein ist grau, relativ hell und dicht, weist auch Mandeln und Drusen (Hohlraumfüllungen) auf, die mit Zeolithen, gelegentlich auch Calcit ausgefüllt sind.

Zeolithe sind eine Mineralgruppe von außerordentlicher Formenvielfalt und überraschenden Eigenschaften. Sie kommen als nadelige oder faserige Kristalle vor, aber auch z. B. würfelig. Durch eine spezielle Struk-

Burg Hauneck

Basaltsäulen bilden einen Teil des Fundaments der Burg Hauneck

Die nördliche Kuppenrhön – Willkommen im Kegelverein

> **Basalte** und ähnliche Vulkanite kommen in verschiedenen **Absonderungsformen** vor: massig, plattig oder eben säulenförmig. Diese Form ist auf den Abkühlungsprozess zurückzuführen. Beim Erkalten zieht sich Materie zusammen, verkleinert ihr Volumen. Bedingt durch die mineralische Struktur erfolgt dies hier in meist fünf- oder sechseckigen Säulen. Dabei liegt die Abkühlungsfront an der Oberfläche, sozusagen der Spitze der Säulen. Tritt ein Magmenkörper an die Oberfläche oder erkaltet in der Nähe der Oberfläche, können sich die Säulen in der Form eines überdimensionalen Nadelkissens ausbilden.
>
> Aber auch großflächige Vorkommen sind bekannt. Das berühmteste davon befindet sich im Norden Nordirlands und ist als Giant's Causeway bekannt. Hier stehen an einer Kliffküste auf einer Länge von fast 5 km Basaltsäulen parallel nebeneinander.
>
> Plattige Absonderung ist eher bei deckenförmigen Ergüssen zu finden, massige Vorkommen können auf eine „ungeordnete" Abkühlung in größerer Tiefe weisen. Weitere Entstehungsmöglichkeiten müssen je nach lokaler Situation auch in Erwägung gezogen werden.

Zeolithe

tur mit „Fehlstellen" im Kristallgitter kommen Eigenschaften zustande, die eine exotherme Reaktion (=Wärmeabgabe) hervorrufen können, was umgekehrt auch technisch zur Kälteerzeugung genutzt werden kann. Zeolithe finden sich auch als Zuschlagstoffe in Waschmitteln und anderen Produkten.

Mehr zum Chemismus der Vulkanite im Kap. „Die basaltische Abfolge"

Der Calcit oder Kalkspat oder einfach Kalk liegt in den Hohlräumen oft auskristallisiert vor, gelegentlich finden sich schöne dekorative Kristalle, meist weißer oder sehr heller Farbe. Auch Pyroxene sind als Einsprenglinge enthalten, erreichen aber nur wenige mm Größe. Der Name ist irreführend: Pyroxen heißt eigentlich in der Übersetzung „dem Feuer fremd", doch die Minerale dieser Gruppe sind typisch für vulkanische Gesteine. Bekanntester Vertreter ist der Augit. Aufgrund der mikroskopischen Zusammensetzung wird das Gestein als Nephelintephrit eingestuft.

Blick auf das Hessische Kegelspiel. Rechts der Rückersberg, mittig der Appelsberg, links der Morsberg vorne, dahinter der Stallberg

Weitere Säulen"basalte" sind in einem kleinen ehemaligen Steinbruch in einem Abzweig des Fahrweges auf der Nordseite des Hanges aufgeschlossen, jedoch durch Bewuchs, Rutschmassen und pflanzliche Reste wie altes Laub oder Totholz nicht gut zugänglich. Dies gilt auch für den Kontaktbereich mit dem präbasaltischen Sockel. Daher lassen sich zwar noch die sandigen Tonsteine des Röt und die älteren Sandsteine an den Hängen unterscheiden, die von LAEMMLEN (1967) erwähnten Sandsteine mit auffälliger, ebenfalls säuliger Absonderung konnten nicht mehr verifiziert werden. Da diese Form einer Kontaktmetamorphose sehr selten ist, lohnt sich die Nachsuche. Hier gibt es also auch noch einiges (wieder) zu entdecken.

Von der Burgruine aus bietet es sich an, sich nach Norden oder Osten zu orientieren. Ein Abstecher zum Kloster Cornberg wäre hier gut möglich, ansonsten führt ein Weg in Richtung Großentaft. Von Oberstoppel aus geht es nach Dittlofrod, dann stehen Buchenau und Körnbach zur Wahl. Im Eiterfelder Ortsteil Buchenau sind mehrere historische Bauwerke, u. a. zwei Schlösser, zu bewundern. Von Körnbach aus führt die Landstraße 3380 nach Eiterfeld und wenn auf der rechten Straßenseite ein kleiner Parkplatz auftaucht, sollte der Blick auf die Felder gerichtet werden. Dort befand sich in den sechziger Jahren des vorigen Jahrhunderts ein kleiner Sandsteinbruch, in dem die kartierenden Geologen Fährten des Chirotheriums in großer Zahl (> 2300) fanden. Der Bruch wurde mit Müll verfüllt, wobei glücklicherweise das nahe gelegene Sägewerk zunächst Späne und Sägemehl eingab, somit der spätere Bauschutt keine großen Schäden verursachte. Um die Lokalität zu schützen, auch um Raubgräberei zu vermeiden, wurde nach positiven Probeschürfen in den 1990ern alles wieder verfüllt. Hier soll ein Freilichtmuseum entstehen, in dem die ca. 23 x 65 m große Fährtenplatte und Abgüsse, Fotos und Rekonstruktionen gezeigt werden sollen. Etliche Exponate werden auch in temporären Ausstellungen, z. B. im Landschaftsinformationszentrum in Rasdorf, gezeigt.

Weiter geht's über Eiterfeld auf der L 3170 nach Großentaft. Hier bietet sich zwischen Leibolz und Großentaft der wohl beste Überblick über die Kuppen des Hessischen Kegelspiels.

Sichtbar sind von der Strecke aus Licht-, Rückers-, Appels-, Stall-, Mors- und Hübelsberg zur Rechten, links der Kleinberg

Kloster Cornberg s. Seite 94

Saurierspuren im Sandstein bei Eiterfeld

Abb. Fußabdruck und Rekonstruktion des Chirotheriums s. Seite 20

Kontakt zur IG Saurierfreunde Eiterfeld und zum LIZ s. Kap. „Nützliches und Informatives"

Überblick über das Hessische Kegelspiel

> **Sieh**st Du, wie das **kleine Wiesel** auf seinem **licht**en **Rück**en einen **Appel** über **Moor** und **Hübel** in seinen **Stall** trägt?
> Mit diesem Spruch merken sich die Bewohner der Region die zum Kegelspiel gehörigen Berge:
>
> | | | |
> |---|---|---|
> | Sieh = Soisberg | Klein = Kleinberg | Wiesel = Wisselsberg |
> | Licht = Lichtberg | Rück = Rückersberg | Appel = Apfels-, Appelsberg |
> | Moor = Morsberg | Hübel = Hügels-, Hübelsberg | Stall = Stallberg |

und in der Ferne links „hinten" der große Soisberg. Der Wisselsberg wird von den anderen Kuppen zur Rechten verdeckt, der Gehilfersberg wird hier noch vom Kleinberg verdeckt. Wieso Gehilfersberg? Zu einem Kegelspiel gehören nur neun Figuren, aber hier gibt es zwei weitere Berge, die dazu gezählt werden: den Gehilfersberg bei Rasdorf und den schon beschriebenen Stoppelsberg bei Haunetal. Hier wird nicht etwa Bowling mit zehn Figuren gespielt, sondern Sois- oder Stoppelsberg werden als die Könige oder die Kegelkugeln interpretiert. Rasdorf nimmt den „hauseigenen" Gehilfersberg hinzu und den Soisberg als Kugel, Hünfeld sieht den Stoppelsberg als Kugel. Beide haben gute Argumente: Der Gehilfersberg passt von der Konfiguration genau in das Kegelspiel, der Stoppelsberg zumindest als Kugel auch, doch ist er im Zuge einer Umstrukturierung vom Altkreis Hünfeld in den Kreis Bad Hersfeld-Rothenburg „ausgewandert". Lassen wir Lokalpatriotismus beiseite, der Stoppelsberg fand bereits Erwähnung, der Gehilfersberg bietet aus geologischer und kultureller Sicht so viel, dass auch er noch gebührende Beachtung finden wird.

Muschelkalk-Steinbruch bei Großentaft

Angekommen in Großentaft, bietet es sich an, in den Ortskern abzubiegen und sich in Richtung Sportplatz zu orientieren. Hier findet sich am Rande des Ortes ein Steinbruch mit Muschelkalk, genauer gesagt den Wellenkalken und deren Zwischenschichten (Terebratel-, Schaumkalk- und Orbiculariszone) des unteren Muschelkalks.

Dieser Steinbruch befindet sich in Privatbesitz. Ein Besuch zum Ansehen ist ohne Probleme möglich, wer jedoch genauere Untersuchungen vornehmen und Proben mitnehmen möchte, sollte sich den Gepflogenheiten anpassen und Kontakt zum Besitzer aufnehmen. Insbesondere die große Platte im Eingangsbereich des Bruches sollte unbeschädigt bleiben. Sie zeigt die Terebratelzone mit vielen schönen Fossilien in typischer Ausprägung und wurde bewusst hier deponiert.

Einfacher ist es am ehemaligen Bahnhof von Großentaft, wo im Zuge des Baues des neuen Radweges schöne Aufschlüsse im oberen Muschelkalk geschaffen wurden. Hier sind neben den Trochitenschichten auch gelegentlich Ceratiten, Ammoniten aus der überlagernden Schicht der Abfolge, zu finden. Zu beachten ist, dass es hier Überhänge gibt, die bei unsachgemäßer Bearbeitung herunterbrechen könnten. Vorsicht ist im eigenen Interesse geboten.

Weitere Muschelkalk-Aufschlüsse mit Fossilien

Tab. zur Muschelkalkstratigraphie s. Seite 93

Auffällig ist die Höhendifferenz zwischen dem oberen Teil des unteren Muschelkalks und dem am Bahnhof anstehenden oberen Muschelkalk. Für den im Aufschluss nicht zu sehenden mittleren Muschelkalk werden Mächtigkeiten von 40 – 82 m angegeben, hier liegen bei praktisch flacher Lagerung weniger als 30 Höhenmeter dazwischen. Das kleinräumige frühere Relief macht sich also regional deutlich bemerkbar.

Reliefunterschiede im Muschelkalk

Von Großentaft aus bieten sich mehrere alternative Wegrouten an. Im Südosten warten der Klein- und der Gehilfersberg, dann Rasdorf, doch sollte der Weg zunächst nach Nordosten führen. So geht es zunächst auf der L 3173 nach Treischfeld, dann nach Soisdorf, dann auf der Kreisstraße K 158 nach Unterufhausen. Der Weg von Treischfeld nach Unterufhausen kann auch über befestigte Wege am Hünberg und dem Spielkopf vorbei führen, doch die dort anstehenden Gesteine des Keupers zeigen sich in der üblichen Form: Verwitterungsreste ohne die in den Erläuterungen zur geologischen Karte genannten Fischschuppen, -zähnchen, Knochenreste oder sonstigen Fossilien. Doch auch hier gilt: Es gibt immer noch viel zu entdecken.

In Unterufhausen weisen die Beschilderung und die Karte den Weg zum Soisberg, dem mit 630 m ü. NN höchsten – und wohl auch schönsten – Berg der Region. Vorbei um unteren Keuper geht es durch den oberen Muschelkalk und die quartärzeitlichen Löß- und Lößlehme hinauf zu den Basalten der Soisberg-Kuppe. Ein Hinweis sei gestattet: Zwischen dem Talgrund der Sauer nahe dem Ortskern von Unterufhausen und dem Fuß des Aussichtsturmes auf dem Soisberg liegen bei einer Entfernung von etwa 2 km (Luftlinie) über 330 Höhenmeter. Man sollte sich also für den Anstieg Zeit nehmen und Pausen einkalkulieren.

Soisberg

Die vulkanischen Gesteine im Kuppenbereich gehören zum Typ der Olivinnephelinite, die schlotförmig aus dem Triassockel

Blick vom Soisbergturm Richtung ESE

porphyrisches Gefüge: größere Einsprenglinge in dichter oder feinkörniger Grundmasse

Grandiose Aussicht vom Soisbergturm

hervortreten. Sie zeigen porphyrisches Gefüge und einen unebenen Bruch. Olivineinsprenglinge in Form von bis zu 3 cm großen Knollen sind nicht selten, das Gestein ist an mehreren Stellen in Form von auffälligen Klippen im Anstieg zu sehen. Auch schwarze Augitkristalle sind, wenn auch nur im mm-Bereich, zu finden. Eine Beschreibung der örtlichen geologischen Verhältnisse gibt es in Form einer Informationstafel direkt unterhalb des Gipfels.

Nach einer kurzen Rast am Fuße des Turmes, stehen noch 120 Stufen Aufstieg an. Oben bietet sich eine grandiose Aussicht, im Bild oben nach Nordosten gerichtet, wo sich die Kaliabraumberge der örtlichen Bergwerke in die Landschaft der flacher werdenden Thüringer Kuppenrhön fügen. Unter besten Wetterbedingungen kann man von hier aus nach Norden bis zum Herkules in Kassel sehen, eine Entfernung von über 80 km. Dementsprechend sind im Westen der Vogelsberg, im Osten der Thüringer Wald und im Süden die Hohe Rhön im Blickfeld. Erläuterungen zum jeweiligen Ausblick sind auf Tafeln am Geländer angebracht und erleichtern so die Orientierung. Sind die geologischen Karten der Region vorhanden, lohnt es sich die Karten mit dem Kompass auszurichten und den Blick vom Turm mit den Strukturen auf der Karte zu vergleichen. Störungen und Verwerfungen lassen sich von hier oben aus gut im Gelände nachvollziehen.

Nach dem Abstieg vom Turm und dem Eintrag im Gästebuch (im Holzkasten an der Südseite) sollte der Weg für Fußgänger nicht nach Unterufhausen, sondern durch die Muschelkalke nach Soisdorf führen. Im dortigen Gasthof findet nicht nur der einsame Wanderer auch außerhalb der Öffnungszeiten Hilfe, auch Fahrradfahrer können auf Unterstützung mit Rat und Tat hoffen. Wieder im benachbarten Treischfeld, sollte man im Ort sich von der K 159 abzweigend nach Südosten halten.

Hellenberg

Vorbei an einer Altmetallverwertung und einem Wasserbehälter der Gemeinde, tritt man in ein Waldstück mit dem Anstieg zum Hellenberg ein. Nach einigen Kurven und Höhenmetern erreicht man hier einen kleinen alten Steinbruch im oberen Buntsandstein, dem Röt. Das gebankte und in Quader zerbrochene Gestein ist relativ hell und weist Knollen, Flasern und Knauern aus dunkelrotem Ton auf. Schrägschichtung ist innerhalb der söhligen Lagerung ebenfalls zu beobachten, Fossilienfreunde werden allerdings enttäuscht. Die Schrägschichtung deutet auf bewegtes Wasser hin, also einen Tiefenbereich von weniger als 30 m, der noch von Tiden und Wellenbewegungen berührt wird. Solche Schichtungen treten auch an jedem Strand heutzutage auf.

Rötgesteine mit vielfältigen Strukturen zeugen von den Ablagerungsbedingungen

Sandsteinaufschlüsse sind recht selten, obwohl der Buntsandstein sich in früheren Zeiten großer Beliebtheit erfreute. Durch die oft quarzitische Matrix zwischen den Sandkörnern und die beim Mauern eher breiten Fugen konnte in einem Sandsteinfundament kaum Wasser in das darüber befindliche Mauer- oder Fachwerk aufsteigen. Zudem ist der Sandstein verwitterungsbeständiger und fester als der meiste Muschelkalk. Dennoch hat die moderne Bautechnik den von Hand gebrochenen Sandstein aus der Region weitgehend verdrängt, Beton ist allemal billiger und leichter formbar. Damit wurden die meisten alten Abbaue der Schließung und Verfüllung oder Verwilderung preisgegeben, wovon aber auch wieder die belebte Natur profitieren kann.

Buntsandstein als Werkstein

Im Anstieg auf den Hellenberg ist morphologisch der im Untergrund befindliche, aber nicht an der Oberfläche austretende Gang aus nephelinführendem Analcimbasanit erkennbar. Wie oberflächennah der Gang ist, zeigten temporäre Aufschlüsse beim Bau einer Quellfassung.

Für den weiteren Weg hinüber zum benachbarten Kleinberg sollte neben der Karte besser ein GPS-Gerät oder mindestens ein Kompass anbei sein. Die in älteren topographischen Karten oder Wanderplänen dargestellten Wege existieren in der dort angegebenen Form nicht mehr alle. Es gilt, sich nach Westen zu halten, eher aber nach Süd- als nach Nordwesten, sonst führt der Weg wieder nach Großentaft.

Kleinberg

Der unbefestigte Aufstieg zu den Klippen ist relativ beschwerlich, der ehemalige Steinbruch ist jedoch auf einem Pfad problemlos zu erreichen. Er bietet durch die früher zum Abbau bzw. Verladen entstandene ebene Fläche davor guten Zugang und einen schönen Rastplatz.

Die nördliche Kuppenrhön – Willkommen im Kegelverein

Felsklippe auf dem Kleinberg

Basalt mit säuliger und plattiger Absonderung

Gesteine des oberflächennahen Untergrundes als Einschlüsse im Vulkangestein

Fossilfunde

Nephelintephrit baut die markante Primärkuppe des mit 521,5 m ü. NN Gipfelhöhe gar nicht so kleinen Kleinberges auf. Das Vorkommen am Kleinberg, das sich um etwa 60 m über einen triassischen Sockel erhebt, ist in einem aufgelassenen Steinbruch auf dem südöstlichen Hang sowie in schön ausgebildeten Klippen auf dem Westhang und stellenweise am Südostabhang erschlossen. Es besteht aus grauem feinkristallinen Basalt, der definitionsgemäß als basaltoider Nephelintephrit bezeichnet wird. Er steht in den Klippen in Säulen von 60 – 80 cm Querschnitt und im Steinbruch in unregelmäßig dicksäuliger Absonderung mit dünner Querplattung an.

Das Gestein führt vereinzelt kleine Sandstein- und Kalksteineinschlüsse, partienweise tritt eine Neigung zum sogenannten „Sonnenbrand" auf. Die Einschlüsse wurden beim Aufstieg des Magmas mit aus dem Untergrund mitgeschleppt, der Sonnenbrand entsteht durch die Verwitterung einzelner Bestandteile, vornehmlich Analcim, wodurch die Gesamtfestigkeit leidet und der Stein für viele Nutzungen unbrauchbar wird.

Im Abstieg auf der südwestlichen Seite durchquert man Sedimente des mittleren und vor allem unteren Keupers, die sich wie üblich als Feinsandsteine mit tonigen Einschaltungen darstellen und nur als Lesesteine, nicht aber im Gesteinsverband vorliegen. Weiter talwärts folgen dann die Ceratitenschichten des oberen Muschelkalks, wobei Funde von verschiedenen Muscheln und Brachiopoden sehr häufig, die namensgebenden Ceratiten hier aber selten sind.

> Auf der ovalen Kuppe des **Kleinberges** befinden sich Reste einer Ringwallanlage aus keltischer Zeit. Sie sind nicht mehr überall wirklich zu erkennen, auf der südwestlichen Seite wurden auch natürliche Blockschutthalden einbezogen. Die Ausmaße der Anlage werden mit immerhin 150 x 80 m angegeben, sie folgte etwa einer Höhenlinie um 518 m ü. NN, lag also ca. 4 m unterhalb des Gipfelniveaus. Zeitlich wird die Anlage in die La-Tène-Kultur, also den Zeitraum von etwa 500 v. Chr. bis 0 eingeordnet, diese Datierung ist jedoch etwas unsicher.

Weiter geht es zu einem der kleineren, aber umso interessanteren Berg des Kegelspiels: zum Gehilfersberg, in der älteren Literatur auch Gehülfenberg genannt. Der Name bezieht sich auf Christus als Helfer, den „Gehülfen" in der Not.

Auf und um diesen Berg konzentrieren sich verschiedene Schichten und deren besondere Ausprägungen auf engem Raum. Somit lohnen sich eine oder auch mehrere Runden um den Berg. Im unteren Drittel des Anstieges wartet – aus Richtung des Kleinberges kommend – der obere Muschelkalk mit den Ceratitenschichten, darüber folgt der untere Keuper. Sobald man die Waldgrenze erreicht hat, kann man einem Rundweg um den Gipfelbereich folgen, der auch einiges zu bieten hat. Etwa bei einem kleinen Unterstand, einem Schutzhäuschen auf der Südseite, finden sich nicht nur Stücke des analcimführenden Nephelinbasaltes, sondern darin auch schöne Hornblendekristalle im Größenbereich von deutlich > 1 cm. Folgt man dem Weg wieder zur Nordseite des Berges, lädt eine Bank zum Rasten ein, doch dort ist praktisch direkt hinter der Bank eines der wenigen Vorkommen der Region von Basalttuff aufgeschlossen.

Solche Tuffe standen am Anfang der vulkanischen Förderphase, sind also oft von den späteren Eruptiva überlagert und dort, wo sie an der Oberfläche verblieben, zersetzt und abgetragen. Hier findet sich ein kleines verbliebenes Vorkommen, in dem dunkelgrauer Lapilli-Tuff mit authigenen bis 2,5 cm großen Hornblendekristallen und allothigenen Bestandteilen von Sand-, Kalk- und Tonsteinen vorliegt. Neben einem schwer auffindbaren Aufschluss am Nordhang des Dachber-

Gehilfersberg

Lapilli: erbsen- bis nussgroße vulkanische Auswürflinge

authigene / allothigene Minerale: bei der Entstehung eines Gesteins neu gebildete bzw. bereits vorhandene oder metamorph veränderte Minerale

Der Gehilfersberg mit Kapelle, links der Kleinberg

Die nördliche Kuppenrhön – Willkommen im Kegelverein

Schaumkalk vom Gehilfersberg

ges ist dies der einzige gute Fundort für solche Basalttuffe in der weiteren Umgebung.

Von hier aus sollte man den Weg zum Gipfel des Gehilfersberges nicht scheuen. Dort befindet sich eine der Mutter Gottes und den 14 Nothelfern geweihte Kapelle, zu der seit Jahrhunderten regelmäßig Wallfahrten stattfinden.

Vom Gipfel des Gehilfersberges aus kann der Weg also nach Rasdorf an den Bildnissen der Nothelfer vorbeiführen, hier finden sich speziell auf Höhe des Wasserbehälters bei dem Kruzifix unter alten Linden Ceratitenschichten des oberen Muschelkalkes, sie lassen sich auch westlich auf diesem Höhenniveau weiter verfolgen. Funde von Ceratiten und Fossilien des Trochitenkalkes sind auf den Äckern möglich, aber auch am Wegesrand, wenn die Felder bestellt sind.

Fossilfunde

Auch ein Abstecher zum Osthang ist lohnend. Hier finden sich, wenn auch nur als Lesesteine, die sonst selten erhaltenen Schaumkalke aus dem unteren Muschelkalk. Die Schaumkalke haben zwar eine Mächtigkeit von etwa 7 m, sind aber nur an wenigen Stellen aufgeschlossen. Die in den Erläuterungen zur geologischen Karte Bl. 5225 Geisa aufgeführten Aufschlüsse und Fundorte sind heute nicht mehr zugänglich oder soweit verschüttet, dass der Besuch kaum mehr lohnt. Als Geländestufen sind sie zwar morphologisch zu erkennen, doch Handstücke lassen sich hier am ehesten durch Lesesteine gewinnen.

Andernorts selten erhalten: der Schaumkalk

Oolith: bis zu erbsengroße, konzentrisch aufgebaute Kügelchen, entstanden durch chemische Ausfällung aus übersättigten Lösungen

Die Schaumkalkzone wird aus mehreren Lagen dickbankiger oder plattiger Kalke und Schichten mit kleinen Hohlräumen aufgebaut, die ursprünglich von Oolithen ausgefüllt waren, aber auch Fossilien enthalten können. Die drei Schaumkalkbänke und ihre sogenannten Zwischenmittel lassen sich aber nicht mehr vor Ort im Zusammenhang beobachten.

Kirschberg

Bevor es nun nach Rasdorf geht, sollte man einen Besuch des Kirschberges nicht versäumen. Hierzu orientiert man sich in

Richtung Bornmühle, deren altes Mühlrad auf der Rückseite des Hauses zwar nicht mehr voll funktionsfähig, aber allemal noch sehenswert ist. Von dort aus steigt man durch den unteren Wellenkalk am Hang entlang zunächst noch durch das obere Röt, also obersten Buntsandstein, bis man dann wieder durch den unteren Muschelkalk in Gipfelnähe zu einem ehemaligen Steinbruch gelangt. Hier steht ein Gestein an, das als Nephelintephrit des phonolithischen Typus bezeichnet wird. Dies bedeutet gegenüber den Basalten des Kleinberges eine Verschiebung der mineralogischen Zusammensetzung hin zu Phonolithen. Da die Zuordnung in den Klassifikationen nicht so eindeutig sein kann, wird bei solchen Grenzfällen von Gesteinen des basaltoiden oder phonolithischen Typus gesprochen.

Besonderheit hier ist die Tatsache, dass sich an dieser Lokalität zwei Störungen kreuzen. Eine davon verläuft in nordöstlicher Richtung, die andere in nördlicher und gabelt sich am Hang in eine weitere, dann nach Nordwesten verlaufende, auf. Sowohl durch die natürlichen Gegebenheiten als auch den früheren Abbau des Vorkommens kann man hier diese Störungen vor allem in den vegetationsarmen Jahreszeiten mit dem bloßen Auge verfolgen.

Geologische Störungen lassen sich im Gelände verfolgen

> Auch im späteren Frühjahr, im Sommer und im Herbst sei der **Kirschberg** dem biologisch Interessierten empfohlen. Eine Vielzahl seltener Pflanzen und Tiere lässt sich hier finden und beobachten, die Unterschiede in der Vegetation zwischen dem Boden auf Phonolith und Muschelkalk sind dramatisch deutlich, der kleine Teich ausgerechnet auf dem Gipfel weist eine schöne Amphibienfauna auf und einem Uhu begegnet man auch nicht oft am helllichten Tage. Der Kirschberg darf sowohl aus geologischer als auch biologischer Sicht zu den heimlichen Kleinoden der Kuppenrhön gezählt werden.

Zurück zur Bornmühle geht es auf verschiedenen Wegen, wobei sich diese auch wieder an weiteren NE-orientierten Störungen ausrichten. Vom Zeltplatz bei der Bornmühle führt ein befestigter Weg nach Rasdorf. Hier sind die Schichtstufen innerhalb des unteren Muschelkalkes sehr deutlich zu sehen, auch die Erosionsleistung des Baches wird durch den steilen Taleinschnitt klar vor Augen geführt.

Gesteinswechsel machen sich morphologisch bemerkbar

In Rasdorf angekommen, ist zentraler Anlaufpunkt der größte Dorfanger Hessens. Neben Anger, Stiftkirche und Wehrfriedhof gibt es noch einen weiteren Anlaufpunkt in Rasdorf, der zum Pflichtprogramm gehört: das Landschaftsinformations-

Rasdorf

Die nördliche Kuppenrhön – Willkommen im Kegelverein

Das LIZ in Rasdorf, im Hintergrund der Gehilfersberg; Kontakt s. Kap. „Nützliches und Informatives"

zentrum (LIZ). Es befindet sich im alten Stiftherrenhaus von 1594 wenige Meter vom Anger entfernt.

Das Gebäude diente früher der Verwaltung der weltlichen Angelegenheiten des damals noch gegenüber befindlichen Klosters. Nach späterer Wohnnutzung und Verfall wurde es in den 90ern des vergangenen Jahrhunderts mit großem Aufwand restauriert und beherbergt heute eine Ausstellung zur Entwicklung der Landschaft seit dem Perm bis heute, berücksichtigt also auch den menschlichen Einfluss.

Sonderausstellungsflächen und Räume des Vereins zur Heimat- und Kulturpflege Rasdorf e.V. und von RhönNatur e.V. ergänzen das Zentrum. Weiterhin ist dem Haus ein Gesteinsgarten angegliedert. Hier werden die typischen Gesteine der Region zusammen mit den für sie charakteristischen Pflanzenvergesellschaftungen gezeigt. Eine Vielzahl von Informationstafeln gibt die notwendigen Erläuterungen.

Wozu braucht ein eher kleiner Ort wie **Rasdorf** einen Anger von etwa 160 x 70 m? Eine Erklärung bietet die Anbindung an die alte Antsanvia, einer bereits seit Keltenzeiten bestehenden Straßenverbindung zwischen Frankfurt und Erfurt bzw. Leipzig, also einem bedeutenden Handelsweg. Die Händler brauchten Nachtquartiere und Lagerplätze, konnten für die Bergetappen hier zusätzliche Zugtiere vorspannen oder Dienste der örtlichen Handwerker in Anspruch nehmen.

Noch mehr Bedeutung kommt aber der Stiftskirche und auch der Wallfahrtskapelle auf dem Gehilfersberg zu. Die Kirche gilt als schönster und wichtigster Sakralbau neben dem Fuldaer Dom im östlichen Hessen, die Wallfahrten zogen Scharen von Pilgern an, die irgendwie untergebracht werden mussten.

In dem bereits 780 n. Chr. urkundlich erwähnten Ort gab es noch eine weitere kleine Kirche, die sich auf dem Gelände des Wehrfriedhofes aus dem 12. Jahrhundert befand. Sie existiert heute nicht mehr, dafür gilt der Wehrfriedhof mit seinen gewaltigen Mauern und Türmen als der am besten erhaltene seiner Art in ganz Hessen und Umgebung.

Der Gesteinsgarten am LIZ zeigt die Gesteine der Region und standortangepasste Pflanzengemeinschaften

Vertiefen kann man die Eindrücke speziell über den Muschelkalk an den Mauern um den Garten, der alten Klostermauer auf der gegenüberliegenden Straßenseite oder an der Mauer um den alten Wehrfriedhof. Hier liegen die Kalke natürlich nicht mehr im Gesteinsverbund, aber die Vielfalt sowohl der Ablagerungsformen als auch der Fossilien lässt sich ablesen (bitte ohne Hammer und mit dem gebotenen Respekt, insbesondere am Friedhof).

Die Klostermauer bietet Einblick in die Gesteine des Muschelkalks

Überquert man die B 84 bei der Ampel in der Ortsmitte, folge man dann der Ausschilderung zu einem Kneipp-Tretbecken. Kaum sichtbar eine Besonderheit an diesem Becken: Es wird von einer Quelle gespeist, die hier auch zu einem anderen Zweck angezapft wird. Das Wasser tritt ganzjährig mit einer Temperatur um 10 °C aus und wird über eine unterirdische Rohrleitung und Pumpe unter dem Bach im Tal hindurch zu einem Industriebetrieb geleitet. Dort wird die Temperatur in einem Wärmetauscher in Heizenergie umgewandelt und das Wasser anschließend mit etwa 4 °C dem ursprünglichen Ziel, dem Vockenbach, zugeführt. Diese Form der Erdwärmenutzung ist hier möglich, die geothermischen Verfahren per Bohrloch sind wegen der Untergrundbeschaffenheit nicht gut einsetzbar.

Geothermische Energiegewinnung

Der Weg führt nun weiter zu einer Wegespinne. Von hier aus ist in südlicher Richtung eine der interessantesten Erhebungen der Kuppenrhön zu sehen, der Dachberg. Mergelkalke, Trochiten- und Ceratitenschichten stehen an dem nach Südsüdosten führenden Weg zum Dachberg an, sie sind wegen der landwirtschaftlichen Nutzung jedoch schwer zugänglich.

Dachberg

Basalt durchschlägt Muschelkalksedimente

Basaltbombe: gerundete Gesteins- und Schlackenbruchstücke aus Eruptionen

Die Sedimente des mittleren und des oberen Muschelkalks wurden von basaltischer Lava durchschlagen. Dass es zur Eruption kam, beweisen Basalttuffe, die am Nordhang in Resten zu finden sind. Obwohl der nachfolgend geförderte Basalt wie am Gehilfersberg auch als nephelinführender Analcimbasanit zu bezeichnen ist, weist der Tuff hier eine eher graue Farbe und feinkörniges Gefüge auf. Die vielen eingestreuten Basaltbomben und auch Wurfschlacken aus mitgerissenen Gesteinsstücken rechtfertigen die Bezeichnung Brockentuff. Der folgende Basanit bedeckt offenbar zumeist den Tuff. Aber auch vom Basanit ist nur noch ein Teil des ehemaligen Vorkommens vorhanden. In einer späteren Phase durchschlugen Laven mit phonolithischer Zusammensetzung die älteren Basalte. Da um den Gipfelbereich eine bogen- oder halbkreisförmige Struktur erhalten ist, hielt man dies früher für einen Krater, doch geht man heute von einer Basaltkuppe mit Überdeckung durch die Phonolithtuffe aus.

Der Gipfel lässt sich am besten aus nördlicher oder östlicher Richtung erreichen, der Westhang vom Vockenbachtal aus ist für einen Aufstieg zu steil. Der Weg durch das Tal zeigt dem Besucher aber eine sehr schöne Auenlandschaft, in der das Ufer des mäandrierenden Baches mit naturnahem Bewuchs wie Erlen und Weiden bestanden ist.

Der Dachberg von N von der Wegespinne aus betrachtet

Die Phonolithtuffe sind vor allem auf der gegenüberliegenden Talseite am „Weißen Weg" zu sehen, am besten jedoch in dem Weganschnitt des von der Wegespinne aus nach Westsüdwest führenden befestigten Fahrweges.

Die Aufschlüsse beginnen gleich am Anfang des Weges und ziehen sich über mehr als 50 m die Böschung entlang. Der Tuff liegt diskordant auf oberem Muschelkalk und weiter westlich auf unterem Keuper. Das Material kann fest, aber auch bröckelig oder mürbe sein.

Phonolithtuff-Aufschluss westlich des Dachberges und der Wegespinne

Der Tuff erscheint recht einheitlich hellgrau, doch dieser Eindruck täuscht. Graue, rötliche, grünliche oder gelbliche Partien treten in der Grundmasse durchaus auch auf. Noch bunter wird das Bild durch die Einschlüsse, die ein ähnlich breites Farbspektrum aufweisen. Sie sind im Weganschnitt meist erbsen- bis walnussgroß, werden zum Dachberg hin gröber, mit der Entfernung immer kleiner. So liegt ein Übergang vom Brocken- über den Lapilli- bis zum Aschentuff vor.

Beschaffenheit des Tuffes

Brocken: > 64 mm
Lapilli: 2–64 mm
Asche: < 2 mm

Hier nun bietet es sich an, einen Abstecher nach Westen zu machen. Der Weg führt durch Felder auf verwittertem Keuper zum Hübelsberg, dem südlichsten Berg des Hessischen Kegelspiels. Hier sind die Aufschlussverhältnisse jedoch sehr dürftig, den Blick sollte man auf die Flora richten. Die Charaktergewächse der Rhön, die Silberdistel (*Carlina acaulis*) und die Mehlige Königskerze (*Verbascum lychnites*), sind am Wald- und Wegesrand durchaus zu sehen.

Hübelsberg und Quecksmoor

Eine der Charakterpflanzen der Rhön: die Mehlige Königskerze

Ziel ist zunächst weiter nördlich der Abzweig der L 3173 von der B 84 nach Großentaft. Dort befindet sich das Quecksmoor, ein ehemaliges Feuchtgebiet auf Lößlehm und Keuper. Von dort geht es auf der L 3173 vom Abzweig aus etwa 600 m nordwärts zu Fuß oder gut 1 km mit dem PKW, dann zweigt nach links die Zufahrt zu einem Parkplatz ab.

49

Die nördliche Kuppenrhön – Willkommen im Kegelverein

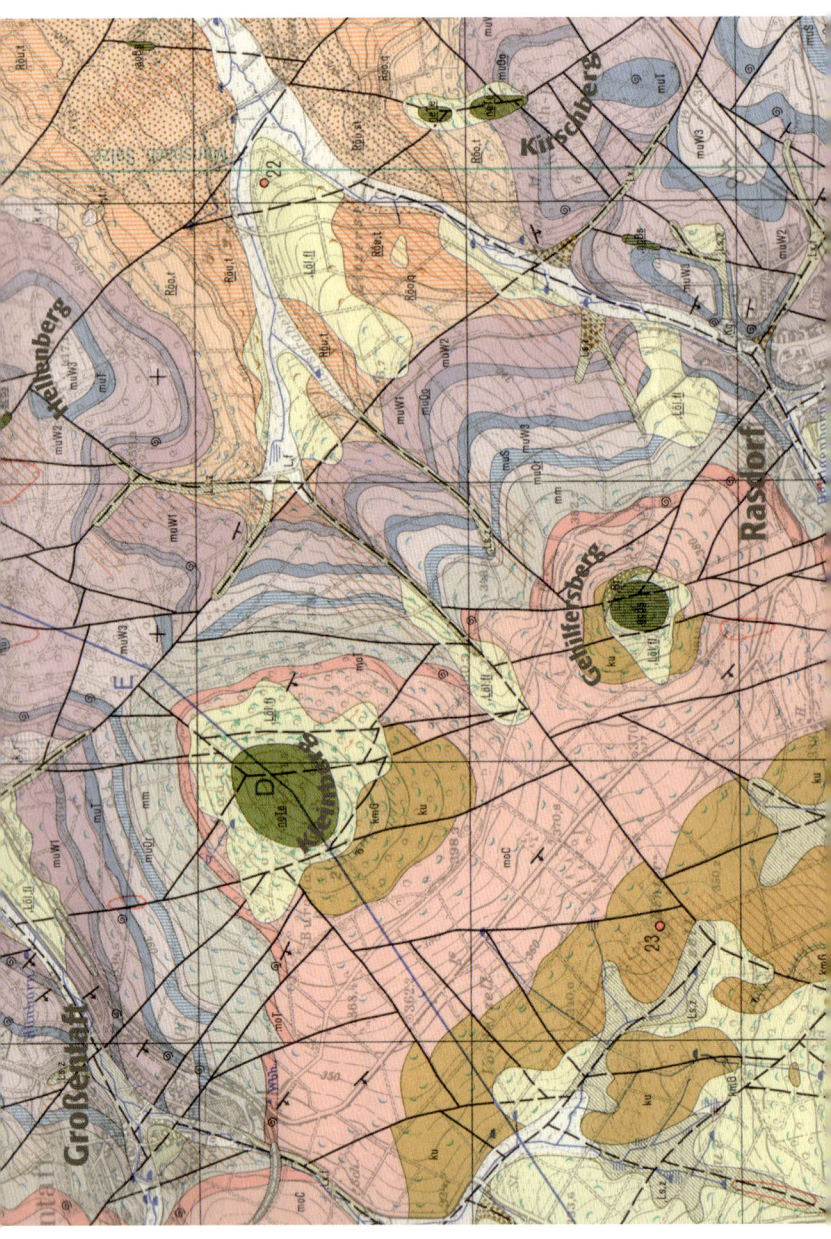

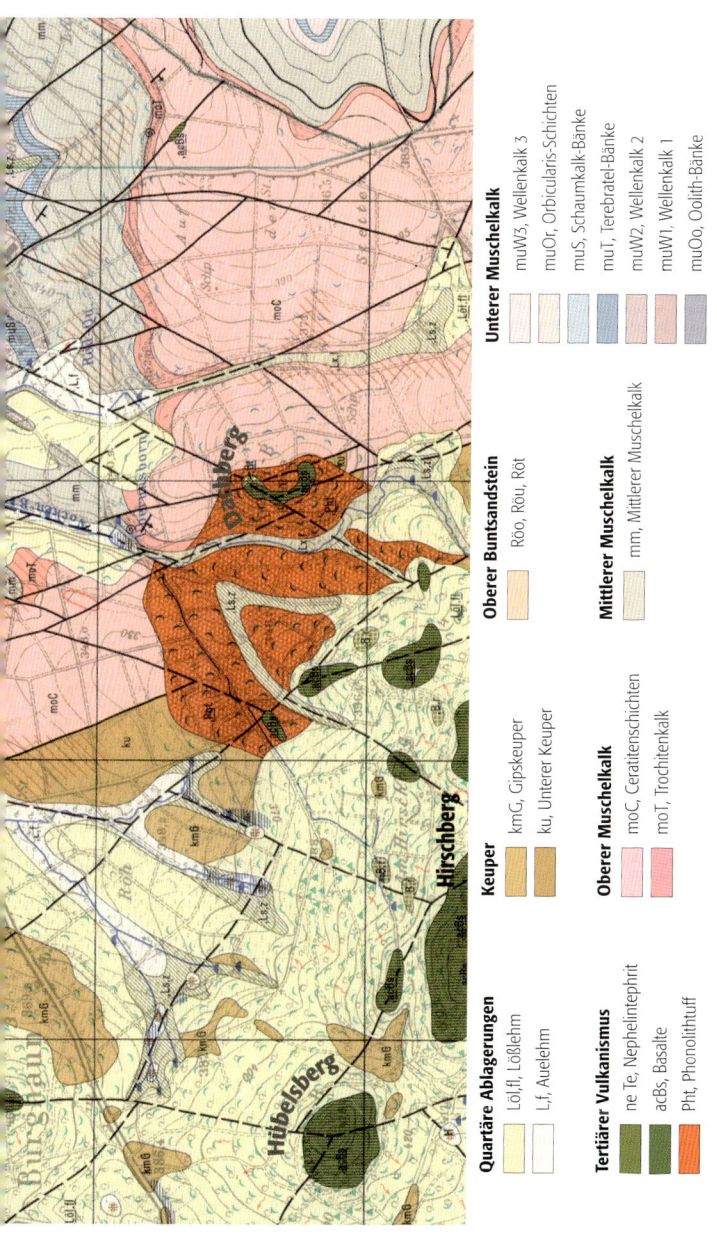

Ausschnitt aus der Geologischen Karte von Hessen 1 : 25 000 Blatt Nr. 5225 Geisa (LAEMMLEN (1975)). Der Abstand des Rasters beträgt 1 km. Der Übersichtlichkeit halber sind nur die wichtigsten stratigraphischen Einheiten in der Legende angeführt. Mit freundlicher Genehmigung des Hessischen Landesamtes für Umwelt und Geologie.

Stallberg

Der Aufstieg zum Stallberg, dem mit 552,9 m zweithöchsten Berg des Kegelspiels, beginnt an diesem Parkplatz, auf dem Informationstafeln den Weg weisen. Der recht steile Weg quert zunächst Sedimente des mittleren Keupers, morphologisch darüber, durch eine Störung bedingt, dann Röt und unteren Muschelkalk. Im Folgenden dominieren dann quartäre Hangschuttmassen mit einem sehr selten gewordenen Bestand eines Sommerlinden-Bergulmen-Blockschuttwaldes. Auf offenen Halden sind Flechten, Moose, Farne und Bärlappe vertreten, auf humosen Böden neben Sommerlinde und Bergulme auch Esche, Berg- und Spitzahorn und Winterlinde. Sie sind hier je nach Höhenlage erfolgreicher als die Rotbuchen.

Den Gipfel des Stallberges bildet eine Kuppe aus dem uns bereits bekannten Analcimbasanit. Hier oben wurde dieses Material schon in frühen Zeiten genutzt. Eine keltische Ringwallanlage von immerhin 900 m Länge und einer Fläche von ca. 6 ha umgibt das Hochplateau. Die Anlage entstand wohl zwischen 700 und 500 v. Chr. Als Wachposten war der Ringwall zu groß und aufwändig gebaut. Trotz der Größe der An-

Blockschutthalde am Stallberg. Foto: J. Schäckermann, Hünfeld

lage dürfte es sich nur um einen Rückzugsort, eine Schutzanlage bei Gefahr gehandelt haben. Eine Wasserversorgung war nicht gewährleistet und die nur wenigen Funde von Scherben und Teilen von Mahlsteinen weisen auch nicht auf eine permanente Nutzung hin.

Zurück zum Parkplatz am Hangfuß. Dort stehen zwei Wege zum 466,4 m hohen Morsberg zur Wahl. Ein gut ausgebauter Weg mündet gegenüber der Ausfahrt auf die Landstraße. Verlässt man den Parkplatz auf dem Fußweg, kann man auch zurück zur B 84, dieser ein paar Meter Richtung Rasdorf folgen und den kurzen, steilen Weg zum Gipfel nehmen. Hier touchiert man im Bereich nahe der Straße den unteren Keuper, kann sich im frühen Frühjahr an ganzen „Feldern" von Märzenbechern erfreuen. Ansonsten besteht der sichtbare Teil des Untergrundes aus Lößlehmen und Solifluktionsschutt, in Gipfelnähe trifft man wieder auf den Analcimbasanit.

Morsberg

Solifluktion (Bodenfließen): Bewegung der Auftauschicht von Permafrostböden

> Urkundlich erstmals 1212 n. Chr. erwähnt, bewohnte das Geschlecht derer von **Morsberg** eine Burg auf eben dem Morsberg. Sie diente nicht nur als Wohnsitz, von dort aus wurden auch Raubzüge gestartet und die Besitzungen der Ritter in der Umgebung regiert. Vor allem hatte man auch die alte Handelsstraße zwischen dem Rhein-Main-Gebiet und Leipzig, die historische „Antsanvia", unter Kontrolle. Letztmalig urkundlich genannt wurden die Ritter 1456.

Vom Morsberg aus bietet sich eine weitere Lokalität an: der Buchwald im Süden nahe der Ortschaft Haselstein. Der Bereich des Buchwaldes ist laufend von Veränderungen betroffen. Durch forstwirtschaftliche Maßnahmen wechseln die Aufschlussverhältnisse häufig, man ist im Wortsinne manchmal auf dem Holzweg. Daher empfiehlt sich eine Runde um das Hochplateau. Hier erwarten den Besucher zwei Basaltdecken, die durch eine Zone von Rotlehmen getrennt werden.

Buchwald

Deckenförmige Vulkanite und Rotlehme

Die deckenförmig verbreiteten Ergussgesteine gehören wieder zu den nephelinführenden Analcimbasaniten. Sie zeigen meist eine plattige Absonderung und in den Randbereichen ein dichtes und feinkörniges Gefüge, zentral das übliche körnige und porphyrische Gefüge. Die Farbe ist dunkler als bei den bisher gesehenen Nephelinbasaniten.

Nach einer ersten Eruption setzte eine Ruhephase ein, in der das Material an der damaligen Oberfläche verwitterte. Aufgrund der mineralischen Zusammensetzung und der Umweltbedingungen setzte eine lateritische Verwitterung ein, dabei

Laterite als Zeugnis des einst tropischen Klimas in dieser Region

Die nördliche Kuppenrhön – Willkommen im Kegelverein

Reste einer lateritischen Verwitterungsschicht im Weganschnitt am Osthang des Buchwaldes

wurden die leichter löslichen Stoffe durch Niederschlagswasser bei relativ hohen Temperaturen (tropisches Klima) ausgeschwemmt, die schwer löslichen verblieben. Dies sind vor allem Aluminium und Eisen und deren jeweilige Verbindungen. Ergebnis sind durch Eisenoxide rot gefärbte Böden, die häufig Bauxit, ein sekundäres Aluminiummineral, enthalten. So auch hier: Auf der unteren Basaltdecke lagert ein tiefroter bis rotvioletter fossiler Lehmboden, der gelegentlich kleine Bauxitknöllchen enthält.

Brauneisenstein: ein Eisenhydroxid, entsteht durch die Verwitterung u. a. basaltischer Gesteine

Der Rotlehm ist meistenteils überdeckt oder auch abgetragen, aber am Nordosthang ist die ungewöhnliche Färbung des Waldbodens noch gut zu erkennen. Dieser Rotlehm wird wiederum von einer zweiten Basaltdecke überlagert, die also erst nach der Verwitterung der ersten entstanden sein kann. Die Übergänge sind nur selten zu beobachten. Im unteren Teil lagert braungelber Basanitzersatz mit Resten von Brauneisenstein. Nach oben findet der Übergang durch den folgenden Deckenerguss naturgemäß abrupt statt.

Ein Aufschluss mit vielen Rätseln

Dieses Vorkommen birgt bis heute noch einige Rätsel. Einige Forscher billigen der unteren Decke ein deutlich höheres Alter (Untermiozän) zu als der oberen. Dafür spricht, dass die lateritische Verwitterung für die Bildung des Rotlehms viel Zeit benötigt. Die Mächtigkeit ist weder vor Ort noch aus der Literatur ersichtlich, doch ist für derartige Bodenbildungen von langen Zeiträumen auszugehen, also eher Hunderttausenden oder sogar Millionen von Jahren. Dann sollte sich aber die obere Decke aufgrund von Druck- und Temperaturunterschieden oder auch rein gravimetrischer Differentiation in der Magmenkammer von der unteren stärker unterscheiden.

Andererseits zeigen die petrographischen und chemischen Untersuchungen, dass die Zusammensetzung der beiden Decken und auch der anderen, als Kuppen vorliegenden Analcimbasanite weitgehend einheitlich ist, diese somit einer gemeinsamen Eruptionsphase angehören müssen.

Auch nicht ganz eindeutig ist die Frage geklärt, warum hier ein Deckenbasalt vorliegt, denn um sich auf größere Flächen verteilen zu können, muss das Magma dünnflüssiger gewesen sein, als bei den Kuppen der Kegel. Dies bedeutet aber, dazu muss es auch heißer gewesen sein. Wäre es jedoch aus größerer Tiefe gekommen (=heißer), wäre die Zusammensetzung eine andere.

Somit ist diese Lokalität, obwohl nicht spektakulär anzusehen, dennoch besuchenswert. In der unteren Decke finden sich gelegentlich im frischen Anschlag kleine goldglänzende Kriställchen oder Kristallklümpchen, wobei es sich um Pyrit (Schwefelkies) handelt. In der oberen Decke hingegen können grüne und weiße kleine Kristalldrusen gefunden werden: Olivin und Zeolith. Lohnende Funde sollten daheim umgehend gesichert werden. Nach vorsichtiger Reinigung sollte eine Konservierung vorgenommen werden, hierzu kann schon klarer Sprühlack ausreichen; alle drei Mineralien sind gegen Luft und Feuchtigkeit anfällig und zerfallen ungeschützt sehr schnell. Kunstharze, z. B. Araldit®, eignen sich noch besser.

Mineralienfunde

Auch sehr verwitterungsanfällig ist das Material, dem der Basalt hier auflagert: mittlerer Keuper aus der Stufe des Gipskeupers. Dies ist das nach den Vulkaniten jüngste Gestein der Umgebung und ebenso wie der untere Keuper meist zersetzt oder erodiert. Die bunten Ton- und Mergelsteine, gelegentlich auch Kalkmergelsteine sind, wo noch nicht zerfallen, meist von jungen Schuttmassen und anderen Ablagerungen überdeckt, finden sich aber als Lesesteine.

Gesteine des Gipskeupers

Nach einem Rundgang über die Kuppe kehre man nun zur Landstraße zwischen Setzelbach und Haselstein zurück. Wenige Meter östlich des Karnhofes zweigt ein Feldweg nach Süden

Blick vom Dietgesstein in Richtung NW auf die Ganskuppen, im Hintergrund der Buchwald

Dietgesstein

ab, der über den Setzelbach führt. Wenig weiter hangaufwärts geht es nach Südosten in Richtung des Dietgessteines, manchmal auch Detges- oder Dietrichsstein oder -berg genannt. Am Ende des befestigten Weges bleibt man geradeaus auf dem Waldweg, folgt dem Anstieg und steht schließlich vor einem Hinweisschild zu dem Naturdenkmal.

Was zunächst nicht spektakulär aussieht, entpuppt sich als Überraschung. Ohne gebahnten Pfad kommt man auf die Kuppe und steht plötzlich vor einer Steilkante, an der es etwa 30 m fast senkrecht bergab geht, einige weitere Meter noch einen Steilhang hinunter. Da diese Kante bislang durch kein Geländer gesichert oder zumindest ein Warnschild gekennzeichnet ist, seien Besucher mit Kindern oder Personen, die nicht schwindelfrei sind, ausdrücklich gewarnt.

Das hier anstehende Gestein wird in der älteren Literatur als tephritischer Phonolith eingestuft und erhebt sich über die umlagernden, verwitterten Sedimente des Keupers. Die Einstufung entspricht zwar nicht dem neuesten Stand, erlaubt aber eine weitgehend korrekte Einordnung des Gesteins. Hier soll die klassische alte – deswegen nicht schlechte oder falsche – Variante in Anlehnung an die STRECKEISEN-Systematik benutzt werden, um die Konstanz und Verständlichkeit zu wahren.

Streckeisendiagramm für Vulkanite s. Seite 112

Der Blick die Klippe hinab fällt auf hellgraues bis schmutzig weißes Gestein mit plattiger Absonderung. Die Farbe bezieht sich auf die Verwitterungskruste, im frischen Anschlag ist der Phonolith dunkler. Dies lässt sich am Fuß des Hanges besser nachvollziehen. Nach dem Wiederabstieg auf dem Waldweg stellt man fest, dass kein Pfad an die Klippe heranführt, hier muss man sich den Weg selbst bahnen. Auch hier gilt Vorsicht, von dem Steilhang kann sich jederzeit Gestein lösen, auch Rutschungen der Hangschuttmassen sind möglich.

Aus der Entfernung kann die Wand aber gefahrlos betrachtet werden, auch größere Brocken für frische Anschlagflächen und Probennahmen finden sich in ausreichendem Sicherheitsabstand. Darin findet man tafelartige Sanidineinsprenglinge, die 10 cm (!) Größe erreichen können. Sie ersetzen den Nephelin anderer Vorkommen weitgehend.

Ein Phonolith mit riesigen Sanidinkristallen

Ebenfalls mit bloßem Auge zu erkennen sind leistenförmige Aggregate eines hellen, grauen bis weißlichen Minerals. Hier handelt es sich um Kalknatronfeldspat, also Plagioklas. Durch diesen gegenüber den Trachyten höheren Plagioklasanteil wird der Name tephritischer Phonolith gerechtfertigt, ein Andesit oder Basanit hätte noch mehr davon, aber weniger Alkalifeldspatanteil und Quarz.

Schwarze Augitkriställchen oder -aggregate sind zwar mit der Lupe noch erkennbar, doch ist nur im Gesteinsdünnschliff oder per Röntgenspektrometer zu erkennen, ob es sich um Aegirin- oder Diopsidaugit handelt. Hier sind es kleine Aggregate (Mikrolithe) von Diopsidaugiten. Die Nähe zu den andesitischen Phonolithen zeigen bis zu 1 cm große, ebenfalls schwarze Kristalle von Hornblende.

Der Dietgesstein ist bereits dem Übergang zur Hochrhön zuzurechnen, ebenso wie die Deckenbasalte des Buchwaldes, die letztlich ein Teil eines größeren Deckensystems sind. So können wir nun den Bereich des Hessischen Kegelspiels und der nördlichen Kuppenrhön verlassen.

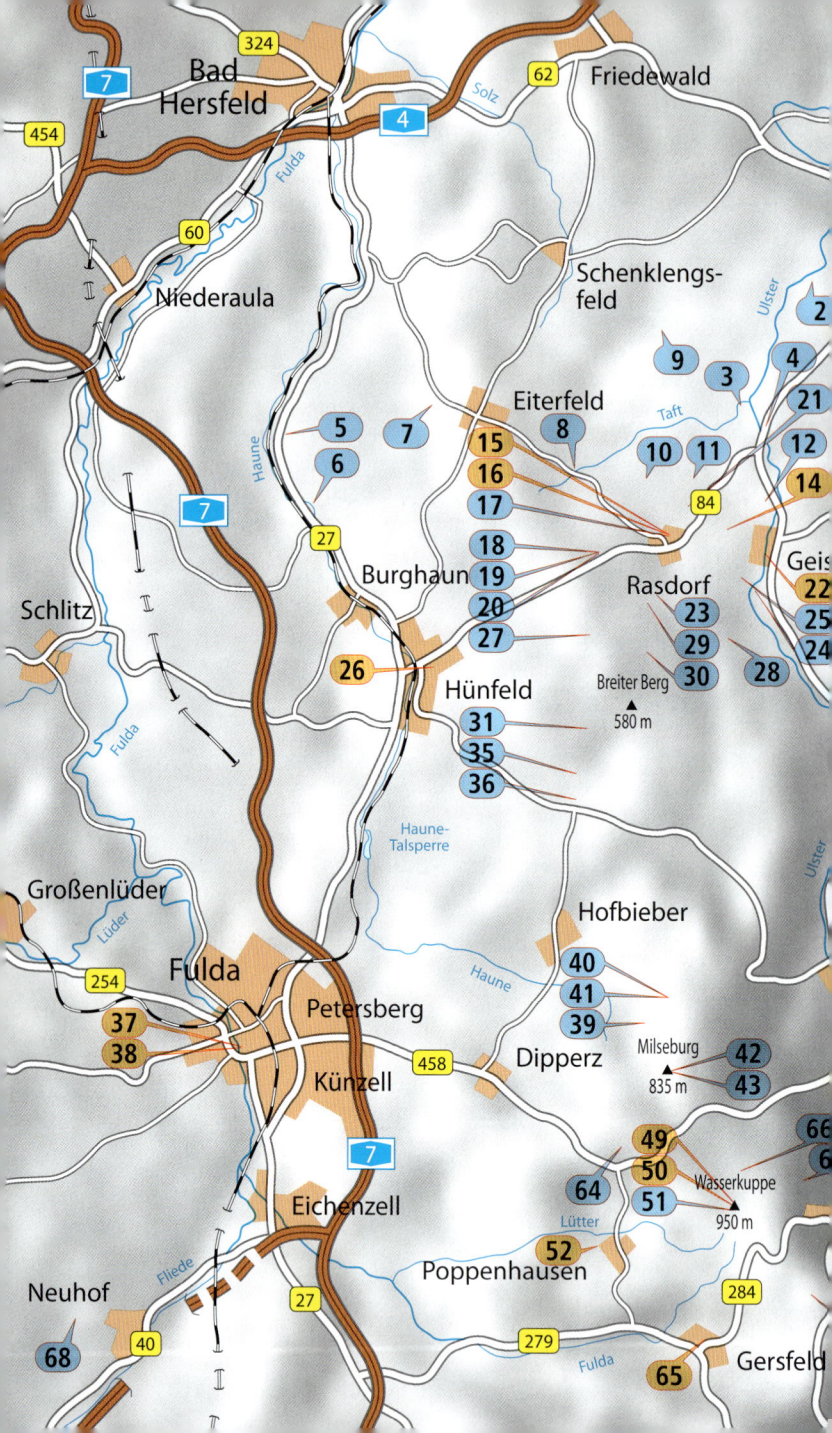

Geologische Aufschlüsse, Orte und Info-Punkte

1	Erlebnisbergwerk Merkers
2	Rote Wand a. Lindig, Pferdsdorf
3	Wenigentaft
4	Buttlar
5	Burg Hauneck, Stoppelsberg, Lange Steine
6	Rothenkirchen, Salzborn
7	ehem. Saurierfährten-Steinbruch
8	Großentaft, 2 Aufschlüsse
9	Soisberg mit Aussichtsturm
10	Klein- u. Hellenberg
11	Standorfsberg
12	Steinbruch bei Borsch
13	Keltendorf Sünna
14	Point alpha
15-17	LIZ mit Gesteinsgarten, Touristen-Info, Gehilfersberg
18-20	Morsberg, Stallberg, Quecksmoor
21	Kirschberg
22	Geisa, Heimat- u. Geschichtsmuseum
23	Dachberg
24	Rote Wand bei Schleid
25	Wiesenfeld
26	Stadt- u. Kreisgesch. Museum Hünfeld
27	Steinbruch Suhl bei Haselstein
28	Setzelbach
29	Buchwald
30	Dietgesstein
31	Ulmenstein
32	Habelberg
33	Naturkundemuseum u. Museumsdorf
34	Ausstellung Steinreich, Touristen-Info
35	Hofaschenbach (Gde. Nüsttal)
36	Morles (Gde. Nüsttal)
37, 38	Vonderau-Museum, Touristen-Info
39	Kleinsassen
40, 41	Oberbernhardser Höhe, Hohlstein
42, 43	Milseburg, Danzwiesen, Wendebuche
44	Gewässerlehrpfad Hilders
45	Seiferts, Parkplatz Birxer Graben
46	Kaltensundheim, Thür. Verw.-Stelle d. Biosphärenreservats Rhön
47	Ellenbogen, höchster Gipfel Lange Rhön
48	Erbenhausen, Steinbruch b. Schafhausen
49-51	Wasserkuppe: Groenhoff-Haus, Touristen-Info, Segelflugmuseum, Fuldaquelle
52	Sieblos-Museum Poppenhausen
53	Ehrenberg-Wüstensachsen, Touristen-Info
54	Fränkisches Freilandmuseum Fladungen
55	Schwarzes Moor
56	Rother Kuppe
57	Gangolfsberg, Schweinfurter Haus
58	Oberelsbach, Haus der Langen Rhön
59	Touristen-Info
60-62	Ulsterquelle, Heidelstein, Ottilienstein
63	Rotes Moor
64	Steinwand
65	Wildpark Gersfeld, Touristen-Info
66	Abtsroda, Abtsrodaer Kuppe
67	Schafstein
68	Abraumhalde „Monte Kali"

Hinauf zur Hohen Rhön – zu steilen Wänden und kühnen Fliegern

Geomorphologie

Morphologisch sichtbar vollzieht sich südlich der Übergang von der Kuppenrhön zur Hochrhön: Die weiten, beckenartigen Senken des Kegelspiels haben eine Höhenlage um 300 m ü. NN und sind von Kuppen umgeben, deren mittlere Höhe bei etwa 400 m liegt. Einige wenige Berge wie der Stall- oder der Schleidsberg überschreiten die 500-m-Marke, der Soisberg stellt mit über 600 m ü. NN eine Ausnahme dar. Von diesen Flächen aus steigen die Hänge mit Neigungen von oft 20 % bis auf über 900 m an. Den stärksten Anstieg findet man vom Biebertal zur Milseburg hinauf mit 31 %. Wenn die Erhebungen dann auch Abtsrodaer Kuppe oder Wasserkuppe heißen, handelt es sich eher um Hochplateaus als um Gipfel. Zum Vergleich: die Hangneigungen im Kegelspiel überschreiten selten 10 %. Dies trifft auch auf den Anstieg zum Soisberg zu, der nur durch den Gesamthöhenunterschied so anstrengend wirkt.

In der Milseburger Kuppenrhön dominieren noch flachwellige Senken mit einzelnen markanten Kuppen, die auch als Höhenrücken bezeichnet werden können. Sie sind vornehmlich in SSW–NNE-Richtung angeordnet und nehmen die Höhenlagen von 550 bis 650 m ein. Hier sind die Anstiege mit meist 10 % auch noch gemäßigt, erst wenn es zur Abtsrodaer Kuppe, der Milseburg oder der Wasserkuppe hinaufgeht, wird es deutlich steiler. Der Übergang von der Kuppen- zur Hochrhön findet zwar landschaftlich nicht allzu abrupt statt, doch sind die Veränderungen unübersehbar. Die überwiegend basaltischen Kuppen im Norden werden im Westen durch meist phonolithische Kuppen, Dome und Gänge endogener Entstehung ersetzt, die erst durch die Verwitterung freigelegt wurden, die alkalibasaltischen Schlotfüllungen werden seltener. Stattdessen treten besonders im zentralen Bereich ausgedehnte Hochflächen in den Vordergrund, die aus Abfolgen subaerisch entstandener Lavadecken bestehen. Dazu kommen die Produkte fließender Magmen, die z. T. als trachytisch eingestuft werden, aber auch klastische Sedimente aus vulkanischem Ursprungsmaterial. Trachyte sind durch ihren gegenüber Basalten sehr viel höheren Gehalt an Alkalifeldspäten und einen geringen, aber

Gesteinswechsel im Übergang zur Hohen Rhön

Trachyte

noch vorhandenen Gehalt (bis 5 %) an Quarz gekennzeichnet. Da jedoch die Gehalte auch innerhalb einer Magmenkammer durch gravimetrische und temperatur- und druckbedingte Varianzen differieren, sind die Gesteinstypen selten genau zu unterscheiden. Deshalb spricht man nicht direkt von Trachyt, sondern eher von Gesteinen eines trachytischen Typus.

Trachyte s. auch Kasten Seite 113

Dominant sind bei den Sedimenten immer noch die der Trias, speziell des Buntsandsteins. Hier ist es mit den Detfurth-, Hardegsen- und Solling-Folgen der mittlere Buntsandstein, der an der Oberfläche meist ansteht. Aufschlüsse, in denen sich Profile beobachten lassen, sind jedoch selten und dann meist wenig „aufschlussreich". Aus dem Gestein selbst ist wenig abzuleiten, erst die Lagerung im Gesteinsverband erlaubt eine gesicherte stratigraphische Einstufung. Fossilfunde sind im Buntsandstein selten. Der Muschelkalk hingegen ist in einem NW–SE-verlaufenden Streifen und im Südosten und Südwesten in kleineren Vorkommen vertreten.

Sedimentgesteine

Durch die exponierte Höhenlage konnte die Erosion angreifen, daher finden sich im Anstieg zur Hochrhön nur sehr geringe Reste von Keuper. Jura und Kreide fehlen vollständig.

Säulenbasalte am Ulmensteinsee

Hinauf zur Hohen Rhön – zu steilen Wänden und kühnen Fliegern

Große Vielfalt an Vulkaniten und vulkaniklastischen Bildungen

Dafür zeigen die Vulkanite eine Vielfalt, die im Norden so nicht anzutreffen ist. So treten zu den bereits andernorts erwähnten Gesteinen Trachyte, Trachyandesite, Phonotephrite, Nephelin-Phonolithe oder auch Olivin-Nephelinite hinzu. Besondere Mineralführungen, z. B. Sodalith, erlauben noch weitere Differenzierungen. Weiterhin sei auf die verbreiteten vulkaniklastischen Bildungen hingewiesen. Die aus Gesteinslawinen, Schuttströmen oder Ablagerungen fließenden Wassers entstandenen Sedimente werden als Epiklastite bezeichnet, entstammen sie Schlotfüllungen, Glutregen (Ignimbrite) oder zusammengebackenen Tuffen (Agglutinate), heißen sie Pyroklastite.

Mehr zur Differenzierung der Vulkanite im Kap. „Die basaltische Abfolge"

Der Einstieg in den Anstieg bietet sich sowohl von Hünfeld als auch von Fulda aus an. Doch auch vom Ort Haselstein nahe dem Buchwald aus lässt sich sehr gut starten. Von dort führt die L 3258 nach Mittelaschenbach.

Basalt-Steinbruch am Suhl

Nach etwa 1 km zweigt rechter Hand die Zufahrt zu dem großen Steinbruch der Firma F. C. Nüdling am Suhl ab. Hier wird in großem Stil Nephelinbasalt abgebaut. Ein Besuch ist nach Terminvereinbarung möglich. Informationen zum Gestein, dem Abbau und der Verwendung des Materials gibt die Leitung des Bruches gerne. Bei der Anfahrt sei vor dem Schwerlastverkehr gewarnt, die großen LKW sind sehr entgegenkommend... Dies gilt auch, wenn man noch vor dem Steinbruch abbiegt, um zum Westhang des Suhls zu gelangen. Dort lagert ein Nephelinbasanit aus einer späteren Phase der vulkanischen Tätigkeit. Mangels Aufschlüssen ist man hier auf Lesesteine angewiesen. Der Basanit gehört wie auch der am Buchwald zu einem System von Deckenergüssen, welches sich über ein größeres Areal zwischen Setzelbach, Haselstein, dem Buchwald und dem Dörnberg im Süden ausbreitet, aber oberflächlich nicht mehr zusammenhängt.

Basanit: Basalt oder Tephrit mit Foiden (dunklen Mineralen) und > 10 % Olivin; s. Diagramm Seite 112

Ulmenstein

Vom Steinbruch aus führt nun ein Weg durch den Wald hin zum Ulmenstein. Günstiger ist es, über Mittel- nach Hofaschenbach zu fahren und von dort aus der Beschilderung zum Parkplatz am südlichen Waldrand des Ulmensteins zu folgen, wo früher auch Basalt abgebaut wurde.

Dort finden sich Hinweistafeln, auf denen die Rundwanderwege und Besonderheiten skizziert und beschrieben werden. Dies erscheint für einen aufgelassenen Basaltbruch ungewöhnlich, doch ist der See, der die alte Grube heute füllt, mit

Basaltsäulen an einem der Grillplätze am Ulmenstein

den umstehenden Schutzhütten, Grillplätzen, Bänken usw. ein weithin bekanntes und beliebtes Naherholungsgebiet. An einem schönen, sonnigen Sommerwochenende ist der Besuch unter geologischen Aspekten eher weniger zu empfehlen. Dann ist von den „Feldspathbasalten", wie sie in den alten Erläuterungen von 1909 noch heißen, nicht viel zu sehen.

Die säulig ausgebildeten Gesteine entsprechen den Alkali-Olivinbasalten neuerer Beschreibungen. Sie gehören zu den sauren Gliedern der basaltischen Abfolge und damit zu den späten Abscheidungen der Magmen. Makroskopisch sind kleine Einsprenglinge und Blasen zu erkennen, die Olivin oder dessen Zersetzungsprodukte wie Chlorit oder Serpentin enthalten. Daneben können – auch meist zersetzte – Zeolithe sowie Augite auftreten. Selten überschreiten diese Einschlüsse eine Größe von 5 mm.

Beschaffenheit der Basalte am Ulmenstein

Nach diesem „Vorgeschmack" auf die Hohe Rhön geht es nun weiter in südlicher Richtung. Im Bereich des Kartenblattes

Hinauf zur Hohen Rhön – zu steilen Wänden und kühnen Fliegern

Zu Zeiten der Abbautätigkeit am Ulmenstein wurde der Basalt über eine **seilbetriebene Bahn** von der Nordwestseite des Bruches aus talwärts in Richtung Silges transportiert, wo im Nüsttal eine Eisenbahnlinie verlief. Obwohl bereits 1908 ein Pachtvertrag erteilt wurde, konnte erst 1912 der Abbau aufgenommen werden. Auf je 4 10-to-Wagen wurden über doppelt geführte Feldbahnschienen die gebrochenen Basalte den Berg an einem dicken Drahtseil hinuntergelassen. Das Seil lief über 3 m große Rollen, an denen auch gebremst wurde. Über Mackenzell und Hünfeld wurden die Steine dann vornehmlich in die Niederlande exportiert. Sie eigneten sich besonders gut zur Befestigung der Polder und Deiche. Auch aus anderen Teilen der Rhön kamen Basalte und Phonolithe. Die Landgewinnung in Holland beruht zu einem großen Teil auf Basalten aus der Rhön. Der Abbau am Ulmenstein wurde 1928 eingestellt.

Spahl, auf dem wir uns hier noch befinden, gibt es im Ostteil noch einige interessante Anlaufpunkte. Sie befinden sich aber im Einzugsgebiet der Ulster, werden also auf unserem Weg das Ulstertal hinab Erwähnung finden. Viele in der alten Literatur genannte Aufschlüsse existieren heute nicht mehr.

Muschelkalkaufschlüsse entlang der Nüst

Wer mag, kann sich aber an der L 3176 zwischen Morles und Gotthards oder dem auf der südlichen Seite der Nüst parallel verlaufenden Weg in Anschnitten den unteren Muschelkalk ansehen. Hier finden sich überwiegend der untere Wellenkalk, die Oolithbank und gelegentlich Reste der Terebratelzone. Anzumerken ist, dass die einzelnen Zonen nicht über größere Flächen durchhalten, sondern oft ausdünnen oder ganz fehlen, typisch für den Bereich des Blattes Spahl und die angrenzenden Blätter.

Nur selten aufgeschlossen: der Chirotheriensandstein

Vom Fahrweg zwischen Wallings und Obernüst zweigt auf etwa halber Strecke ein kleiner Pfad nach Norden ab, der bei einem kleinen Gehölz zu Anschnitten bzw. Aufschlüssen im oberen Teil des mittleren Buntsandsteins führt. Stratigraphisch handelt es sich hier um den Chirotheriensandstein; er ist nur selten an der Oberfläche aufgeschlossen, daher sei diese Lokalität – auch ohne spektakuläre Saurierfährten oder Fossilienfunde – erwähnt. Sandstein kennzeichnet auch das Blatt Kleinsassen, doch daneben sind auch Gesteine des Muschelkalks, viele verschiedene tertiäre Vulkanite, Vulkaniklastite und auch Sedimente vorhanden.

Aussichtspunkt

Noch bevor man den Ort Kleinsassen über das Biebertal erreicht, fesselt ein ganzes Ensemble von Bergen den Blick: Hohlstein, Oberbernhardser Höhe und vor allem die Milseburg.

Hohlstein

Der Hohlstein ist ein mit Wald bestandener Phonolith-Durchbruch von 684 m ü. NN, dessen Gipfelbereich hauptsächlich von quartären Lößlehmen umgeben ist. Diese Lehme enthalten nicht nur Schuttmassen, örtlich kann von Blockmeeren, also flächigen Vorkommen von großen Schuttbrocken, gesprochen werden.

Südöstlich der Kuppe stehen alkalische Pyroklastite an. Hier handelt es sich um eine Schlotbrekzie, wobei neben vielen, bis zu 60 cm große Phonolith-Brocken auch Basaltbomben auftreten. Als Schlotbrekzie wird ein Konglomerat aus Phonolith-, Basalt-, aber auch Buntsandstein- und Muschelkalkbrocken bezeichnet, welches durch vulkanische Aschen (≈ Tuffe) miteinander verkittet ist und eben in Schloten oder deren unmittelbarer Umgebung vorkommt. Sie ist im Zusammenhang mit den Basalten und Basaniten an den benachbarten Oberbernhardser Köpfen als Liefergebiet zu sehen.

<small>Basaltbomben und Schlotbrekzie</small>

Diese sind nicht zu verwechseln mit der Oberbernhardser Höhe. Dort, zwischen den Phonolithen des Hohlsteins und der Milseburg, erheben sich tektonisch bedingt Muschelkalke bis auf 651 m. Hier lagert eine recht vollständige Abfolge des unteren Muschelkalks, die durch kleinräumige Bruchzonen in gegeneinander versetzte Schollen zerlegt wurde.

<small>Oberbernhardser Höhe

Eine vollständige Abfolge des unteren Muschelkalks ist hier aufgeschlossen</small>

Die Fossilführung speziell in der Terebratelzone sei zwar erwähnt, doch auch, dass die Oberbernhardser Höhe als Naturschutzgebiet ausgewiesen ist. Neben der wertvollen Trockenrasenvegetation und der Wacholderheide führt auch der Milseburgtunnel auf einer Länge von 1173 m durch den Berg. Er gehörte zu der ehemaligen Bahnstrecke Fulda–Hilders und ist heute Bestandteil des Milseburgradweges. Im Winter ist die Strecke jedoch gesperrt, weil der Tunnel ein Refugium für Fledermäuse ist und jede Störung ihrer Winterruhe vermieden werden soll.

Westlich schließen sich der Große und der Kleine Ziegenkopf an. In ihrem östlichen Anstieg durchquert man den mittleren und oberen Muschelkalk. Mergel-, Ton- und Mergel-Dolomitsteine kennzeichnen den mittleren Muschelkalk, die Zellenkalke der Abfolge sind weitgehend der Subrosion zum Opfer gefallen und am ehesten noch als Lesesteine zu finden.

<small>Ziegenköpfe

Zellenkalk: hohlraumreicher Kalk durch Auflösung von Gips- und Anhydriteinschaltungen</small>

Das Gestein wurde früher in einem Bruch an der Nordflanke des Kleinen Ziegenbergs abgebaut, an der oberhalb angrenzenden Wegböschung steht bereits der obere Muschelkalk – ebenfalls mit Ton-, Mergel- und Kalkstein – an. In diesen Trochitenschichten treten lagenweise Muscheln und

<small>Fossilfunde von Muscheln, Trochiten und Ceratiten</small>

Hinauf zur Hohen Rhön – zu steilen Wänden und kühnen Fliegern

Ceratites nodosus aus dem Muschelkalk; ca. 15 cm Durchmesser

Seelilienstielglieder auf. Die weiter südlich anschließenden Ceratitenschichten können neben verschiedenen Muschelarten auch Steinkerne von Ceratiten enthalten, insgesamt sind Fossilfunde aber seltener als in den Trochitenschichten.

Die Gipfelregion wird wiederum von Phonolith und Hornblendebasalt sowie epiklastischen Vulkaniten gebildet. Diskutiert wird aber auch die Entstehung als Schlotfüllung, somit ein pyroklastischer Ursprung.

Vor dem Aufstieg zur „Perle der Rhön", der Milseburg, sollte ein kleiner Abstecher nach Kleinsassen liegen. Nicht nur, weil im Süden des Ortes noch einmal die Muschelkalkfolge ansteht, sondern, weil der Ort auch anderweitig einiges zu bieten hat.

Kleinsassen gilt als Künstlerdorf und hat eine eigene Kunststation, in der ständig wechselnde Ausstellungen gezeigt werden. Bereits Mitte des 19. Jahrhunderts kamen Künstler, bald ganze Gruppen von verschiedenen Akademien wie Weimar, Dresden oder Düsseldorf hierher. Neben Malern waren Bildhauer, Schnitzer oder Dichter und Literaten vertreten. Entsprechend reichhaltig ist der Fundus an Werken, die sich mit der Region und speziell der Milseburg befassen.

Die Steinwand, eine besondere geomorphologische Struktur

Obwohl die hessische Rhön reich an geologischen Formen und Besonderheiten ist und über viele sehr bekannte Lokalitäten verfügt, wurde bisher nur ein Ort in die Liste der „Geotope in Hessen" des Hessischen Landesamtes für Umwelt und Geologie aufgenommen: die Steinwand südlich von Kleinsassen als besondere geomorphologische Struktur.

Nach neueren Untersuchungen handelt es sich hier um den Südostrand eines 800 x 330 m großen Nephelin-Phonolith-Klippenzuges ähnlicher Zusammensetzung wie an der Milseburg, nicht um einen schmaleren Gang, wie früher angenommen. Die Klippen sind bis 25 m hoch, die Säulen stehen annähernd senkrecht und können einen Durchmesser von 2,5 m erreichen. Der Intrusionskörper befindet sich in mittlerem Buntsandstein. Die Entstehung wird auf das obere Untermiozän vor etwa 19 Mio. Jahren datiert.

Das „Osttor" im Aufstieg zur Milseburg

Die beeindruckende Form und Größe der Säulen, die teilweise wie Burgzinnen in den Himmel ragen, führte zur touristischen Erschließung, zunächst durch Wanderer, heute zunehmend durch Kletterer. Ganze Lager mit Hightech-Gerät und Massenansturm „in die Wand" sind mittlerweile normal.

Nun also auf zur Milseburg. Schon aus der Entfernung fällt die Form dieses Bergzuges auf. Etwas ungewöhnlich mutet an, dass der Weg zur Milseburg hinauf von den Danzwiesen an der Ostseite aus zu Fuß zu bewältigen ist. Dies hat aber auch seinen Grund. Eine enorme Vielzahl seltener Pflanzen und Tiere führte hier schon 1968 zur Ausweisung eines 40 ha großen Naturschutzgebietes. Zwei Wege führen nach oben, der etwas längere Hauptweg und der steilere alte Wallweg, der seinen Namen den Wallfahrten zu einer 1756 errichteten Kapelle unterhalb des Gipfels verdankt.

Die Milseburg: ihre Form erinnert an den schlafenden namensgebenden Riesen Mils

Da es das einzige prominente Touristenziel in der Rhön ist, welches solch einen Fußweg erfordert, sei dieser auch kurz beschrieben. Der anzusteuernde Parkplatz nennt sich nach

Hinauf zur Hohen Rhön – zu steilen Wänden und kühnen Fliegern

Blockschutt bedeckt die Hänge nahe des „Osttores"

Prähistorischer Wanderpfad

Struktur und Beschaffenheit des Phonolithdoms

einem alten Baumriesen „Wendebuche", auch eine Bushaltestelle ist dort vorhanden. Nach kurzer Strecke steht am Waldrand eine Tafel mit allgemeinen Informationen zu einem seit 1971 bestehenden, immer wieder aktualisierten „Prähistorischen Wanderpfad". Hier geht es um die Besiedlung, die bereits zur Zeit der Cro-Magnon-Menschen, also am Ende der Altsteinzeit vor etwa 14.000 Jahren begonnen haben dürfte. Aus der Zeit der Schnurkeramiker (2500 – 1800 v. Chr.) und besonders der Hallstatt- bzw. La-Tène-Zeit sind bedeutende Funde bekannt.

Entlang des 2 km langen Pfades stehen 10 weitere Tafeln, mittlerweile ergänzt durch Tafeln zur Natur, die das Leben in der Stein- und Keltenzeit und die erbauten Anlagen erläutern. Die Wallanlagen wurden aus dem anstehenden Phonolith errichtet. Typisiert wird dieser als Sodalith-Nosean-Nephelin-Phonolith. Vereinfacht gesagt handelt es sich um ein an Natrium-Aluminium-Silikaten reiches Gestein.

Im Aufstieg kommt man am Kälberhutstein und dem sogenannten „Osttor" vorbei. Der Weg führt zwischen zwei Felsformationen hindurch. Hier finden sich Blockschuttmassen, die z. T. für den Bau der Befestigungsanlagen verwendet wurden.

Der Gipfel der Milseburg bildet eine Fläche von etwa 650 x 400 m und ist Nord-Süd-orientiert. Auch wenn von einem Phonolithdom die Rede ist, handelt es sich um eine Hochfläche, die keine ausgeprägte Kuppe bildet. Der umlagernde Buntsandstein wird um 80 – 140 m überragt. Der Phonolithdom wird von einer schalenartigen Struktur umgeben, auf der wiederum Säulen senkrecht zur Abkühlungsfront angeordnet sind. Somit liegen diese im Durchmesser bis zu 1,50 m großen Säulen stellenweise fast waagerecht. Ob die Lava die Oberfläche erreicht hat, ist ungeklärt. Der Gesteinskörper in seiner heutigen Form ist freigewittert, Tuffe, die ihm zuzuordnen wären, fehlen. Auf dem Weg zum Gipfel fallen plattige Absonderungen auf; sie erlauben eine bequemere Begehbarkeit. Der Weg wurde also schon früh mit Bedacht angelegt. Die Gipfelkreuzgruppe und die Kapelle stehen auf massigem Phonolith.

Durch die Verwitterung zeigen die Gesteine eine recht helle graue Außenschicht, die aber nur wenige mm dick ist. Im frischen Anschlag kommt eine dunkel grünlich-graue Farbe zum Vorschein. Alkalifeldspäte können als Einsprenglinge auftreten, insgesamt ist das Gestein aber dichter und feinkörniger als die in der Umgebung zu findenden Phonolithe, die ein eher porphyrisches Gefüge aufweisen und damit dem trachytischen Typus zugeordnet werden können.

Weiße Alkalifeldspäte sind als Einsprenglinge im Phonolith gut zu erkennen

Chemismus und Lagerungsverhältnisse deuten auf eine Entstehung in einer späten Phase des Rhöner Vulkanismus hin. Das Magma war stark differenziert und untersättigt (quarzarm). Vor allem sind Reste dieser Gesteine in den Schlotbrekzien der noch jüngeren Olivin-Nephelinite und Basanite nachweisbar, nicht aber in den älteren Olivinbasalten. Somit ist für das Alter das obere Untermiozän anzunehmen. Quarzarm ist hier insofern relativ, als dass die Feldspatvertreter wie Nephelin in der Grundmasse auftreten, die Einsprenglinge, Alkalifeldspäte, jedoch quarzreicher sind.

Feldspatvertreter (Foide): an kieselsäure untersättigte Silikatminerale

Unweit der Gangolfsquelle befindet sich der „Schnittlauchfelsen", ein exponierter Aussichtspunkt, von dem aus die Täler

Aussichtspunkt „Schnittlauchfelsen"

In der Keltenzeit i. w. S. war die **Milseburg** nicht nur sporadisch Anlaufpunkt, sondern durchgehend über einen Zeitraum von mehreren Jahrhunderten besiedelt. Die Entdeckung der Wallanlagen ist dem berühmten Berliner Professor Rudolph Virchow zu verdanken (1870). Große Verdienste erwarb sich der Fuldaer Prof. Vonderau. Im Vonderau-Museum befinden sich neben anderen geo- und naturwissenschaftlichen Exponaten auch Funde von der Milseburg.
Grabungskampagnen an der Milseburg 2003 und 2004 ergaben neue Erkenntnisse: die terrassenförmigen Flächen waren dauerhaft ackerbaulich genutzt, die Befestigungsanlagen entstanden nach und nach und trugen somit der wachsenden Bevölkerungszahl Rechnung. Zeitweise haben auf der Milseburg mehr als 1000 Menschen gelebt.
Ob der Wall „nur" ein wirtschaftliches, militärisches oder auch religiöses Zentrum schützte, ist bislang nicht geklärt. Ein Wallabschnitt von 3,50 m Höhe, 3,50 m Dicke und etwa 8 m Länge und eine Rampe wurden rekonstruiert.

Hinauf zur Hohen Rhön – zu steilen Wänden und kühnen Fliegern

der Fulda und Bieber zu überblicken sind. Dieser Phonolithblock verdankt seinen Namen dem Vorkommen einer wilden Schnittlauchart, die früher selbst unter hohen Risiken bei der Kletterei gesammelt wurde. Nur an zwei Stellen in Hessen ist diese Pflanze als heimisch bekannt, daher heute streng geschützt.

Rund um die Wasserkuppe

Bereits von der Milseburg aus gut zu sehen ist der höchste Berg der Rhön und ganz Hessens: die Wasserkuppe. Die NE–SW orientierte Erhebung erreicht eine Höhe von 950 m ü. NN. Kennzeichnend sind das Radom (ehemalige Radarstation mit kugelartiger Gestalt, daher auch lokal der „Wasserknubbel" genannt) und der Gebäudekomplex mit dem Groenhoff-Haus, welches neben der hessischen Verwaltungsstelle des Biosphärenreservates auch eine Jugendherberge und ein Geschäft für einheimische Produkte sowie Gastronomie beherbergt. Noch bekannter sind aber wohl das Segelflugmuseum und die Einrichtungen der Flieger mit dem Fliegerdenkmal auf dem Plateau.

Wasserknubbel und Groenhoff-Haus

Die **Geschichte der deutschen Fliegerei**, insbesondere der Segelfliegerei ist untrennbar mit der Wasserkuppe verbunden. Nach Lilienthals Versuchen 1896 bei Berlin wurde 1908 von einer Gruppe Darmstädter Gymnasiasten eine Fliegergruppe gegründet, die ab 1911 die idealen Bedingungen auf der Wasserkuppe vorfand. Nach den ersten Versuchen – ungelenke Geräte, die per Menschenkraft gestartet wurden – mit Reichweiten um die 450 m folgten nach der Unterbrechung durch den 1. Weltkrieg ab 1920 neue Bemühungen. 1938 war die Technik so weit fortgeschritten, dass mit Brünn und Berlin Fernziele in 500 km Entfernung im Segelflug erreicht werden konnten.
Nach den Flugverboten in der Folge des 2. Weltkrieges konnten die Aktivitäten 1950 mit der Gründung des Deutschen Aero Clubs in Gersfeld wieder voll aufgenommen werden, das Museum zur Geschichte der Segelfliegerei folgte. Heute sind auch Drachenfliegen, Gleitschirmsegeln oder Modellflug auf der Wasserkuppe präsent. Die Teilnahme an Flügen ist auch für Besucher – je nach Wetterlage – möglich.

Sieht man in der Wasserkuppe nicht nur den einen Gipfel, auf dem sich Sommerrodelbahnen und andere touristische Attraktionen angesiedelt haben, sondern die Region z. B. zwischen Abtsroda und der Eube, erlebt man stille Natur abseits der Haupttouristenströme.

Informationsmaterialien im Info-Zentrum und Groenhoff-Haus

Zunächst einmal stehen ein Touristen-Informationszentrum und das Groenhoff-Haus als Anlaufstelle zur Verfügung. Hier sind die gesamten und aktuellen Informationsmaterialien des Biosphärenreservates und des Naturparks zu bekommen. Die umfangreiche Broschüre „Der geologische Wanderpfad an der Wasserkuppe" wird leider nicht mehr angeboten, da der 1970 angelegte Pfad seit 2008 nicht mehr in der früheren Form besteht. Ein neuer, wesentlich längerer und noch informativerer Weg ist derzeit in Vorbereitung. Der rund 10 km lange Weg begann bei Abtsroda, verlief über den Nord- und Westhang der Wasserkuppe zum Pferdskopf. Der alte Weg ist leider nicht mehr überall begehbar.

Ein neuer Geo-Wanderweg ist in Vorbereitung

Das **Klima auf der Wasserkuppe** hebt sich aufgrund der Höhenlage von 950 m ü. NN deutlich von seiner Umgebung ab. Die Jahresmitteltemperaturen liegen hier bei nur 4,5 °C, im nahen Fulda schon bei 7,8 °C auf ca. 270 m ü. NN. Die Höhenlage bewirkt einen Stau der feuchten Westwinde. Die Wasserkuppe verzeichnet im Durchschnitt 1155 mm Niederschlag pro Jahr, das südöstlich gelegene Mellrichstadt im Windschatten nur noch 575 mm.
So greift die Verwitterung stark an, wobei sich lockere Tuffe anders verhalten als die Basalte und Phonolithe, diese wieder anders als die klüftigen Muschelkalke oder die porösen Buntsandsteine. Gerade deren Speichervermögen für Wasser führte auch zum Namen Wasserkuppe: über 100 Quellen sind um den Berg verteilt, viele entspringen dem Sandstein.

Basalte i. w. S. sind in vielen Variationen überwiegend. Die Gesteine sind meist dunkelgrau, feinkörnig und dicht gefügt. Olivin, Augit oder Hornblende können als makroskopisch erkennbare Einsprenglinge vorhanden sein. Die Abfolge entspricht von der Tendenz her derjenigen, die wir bereits kennen: kieselsäurereiche Olivinbasalte werden von Hornblendebasalten gefolgt, dann von Basaniten. Den Abschluss bilden die untersättigten, an Quarz verarmten Olivin-Nephelinite. Absonderungsformen treten sowohl plattig als auch säulig und kugelig auf. Die Phonolithe, denen wir gleich am Pferdskopf begegnen werden, sind ein Sonderfall, weil diese hier auch deckenartig ausgebildet sind.

Beschaffenheit der Basalte der Wasserkuppe

Auf dem Weg dorthin treffen wir noch auf eine Besonderheit: den Lerchenküppel, auch Karfreitagsstein genannt. Dies ist eine markante zylindrische, etwa 4 m hohe Felsklippe. Sie stellt einen Basaltschlot dar, der von der Verwitterung sehr „dekorativ" freigelegt wurde. Die Lava hat sich in diesem engen Schlot so schnell abgekühlt, dass eine Auskristallisation der Mineralien nicht stattfand. Dadurch hat das Gestein eine glasartige Struktur und es wird daher auch Glasbasalt (oder nach einem speziellen Fundort Limburgit) genannt. Auffällig sind auch die säuligen Absonderungen von nur wenigen Zentimetern Durchmesser. Solche engen Schlote treten zwar in der Rhön häufig auf, sind aber nur selten so gut zu sehen.

Der Lerchenküppel, ein Basaltschlot mit glasartiger Struktur

Pferdskopf

Nach einem gemäßigten Anstieg wird der Gipfelbereich des Pferdskopfes erreicht. Der Ostgipfel überragt den westlichen zwar um einige Meter, bei Letzterem ist aber die Entstehungsgeschichte erschlossen. Der Reihe nach: Die Basis bildet mittlerer Buntsandstein, darüber auch Röt. Die frühesten vulkanischen Produkte waren graue Basalttuffe, die dann von Olivinbasalt überlagert wurden. Der hat sich hier deckenförmig ausgebreitet, die Lava war also recht dünnflüssig und gasarm.

Geologischer Bau und die Entstehungsgeschichte

Die nachfolgenden Tuffe sind von roter bis brauner Farbe, nicht (mehr) verfestigt und enthalten bereits Hornblende, eine Vorankündigung der nun folgenden dunkelgrauen Hornblendebasalte. Diese Abfolge wurde von Phonolith durchschlagen, der Aufstieg erfolgte am westlichen Gipfel. Dort ist ein Schlot von etwa 100 m Durchmesser durch die Erosion freigelegt. Der Ostgipfel-Phonolith hat keinen Kontakt zum tieferen Untergrund, heute auch nicht mehr zum Westgipfel. Doch die Zusammensetzung weist hier eine ehemals durchgängige phonolithische Decke aus. Ein Gang von weniger als 1 m Mächtigkeit mit Limburgit durchsetzt am Westgipfel noch den Phonolith, ist also die hier jüngste vulkanische Bildung.

Goldloch und Gukaisee

Über 150 Höhenmeter geht es nun hinab in das sogenannte Goldloch zum Guckaisee. Nach angeblichen Funden erzhaltiger Gesteine um 1550 wurden auf Geheiß des Fuldaer Fürstabtes eine Bergordnung erlassen und Schürfe angelegt. Erfolg blieb aus, dafür blieb der Flurname. Basalte oder Phonolithe enthalten zwar Magneteisen, aber nicht in wirtschaftlich nutzbaren Mengen. Es ist eher anzunehmen, dass Biotit in die Irre geführt hat. Der schwarze Glimmer erscheint in angewittertem Zustand goldglänzend (Beiname daher auch Katzengold; dieser wird aber auch für frischen Pyrit verwendet, der gelegentlich in Basalten vorkommt).

Frühe Deutungsversuche zur Entstehung des Goldloches

Über die Entstehung der auffälligen Struktur des Goldloches gab es verschiedene Mutmaßungen. Die Vulkanite wurden in der Frühzeit der Wissenschaft noch als marin eingestuft. 1787 erkannte J. C. W. Voigt aus Weimar hier deren tatsächliche Herkunft. Das Goldloch wurde nun für eine eiszeitliche Gletscherkarmulde gehalten. Heute ist klar, dass es sich um einen eiszeitlichen Bergsturz handelt.

Ein eiszeitlicher Bergsturz

Der damalige Lütterbach und die ihm zufließenden Wässer hatten die im Hang zutage tretenden Rötsedimente (weiche, sandig-tonige Ablagerungen des obersten Buntsandsteins) ero-

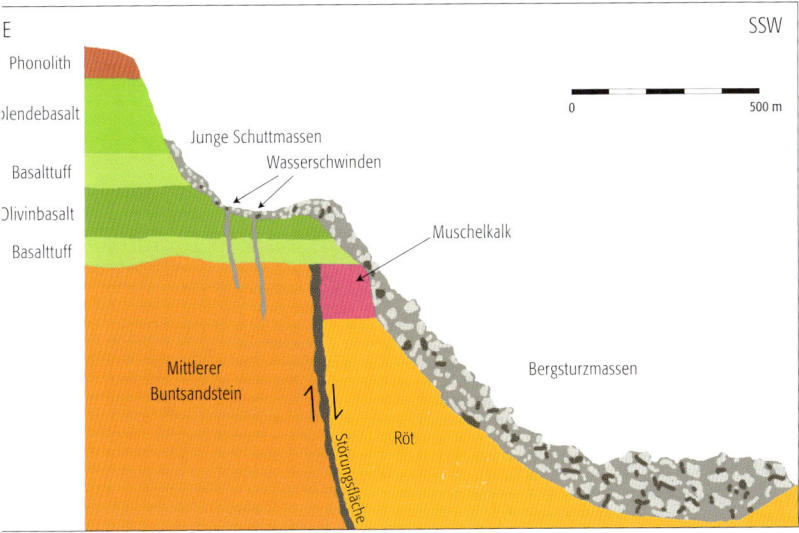

ematisches Profil durch das Bergsturzgebiet am Goldloch. Die Höhendifferenz zwischen rund und der Oberkante des Phonoliths beträgt knapp 200 m. Modifiziert nach LAEMMLEN 87).

diert, überlagernde Tuffe konnten den Hang auch nicht mehr stabilisieren. Tektonische Senkung des Röts (und des darüberliegenden Muschelkalks) sowie Hebung des mittleren Buntsandsteins führten dazu, dass sich Röt und Sandstein auf gleichem Niveau befanden, durch Störung der Lagerung also eher angreifbar waren. Durch die verstärkte Hangneigung kam es schließlich zum Absturz der Massen, was in der Folge zum Aufstauen des Vorläufers des Guckaisees führte.

Auch der Kessel des Guckaisees gab zu Spekulationen Anlass. Die Annahme, es handele sich um einen Vulkankrater, lag zunächst nahe. Als sich die Vermutung durchsetzte, die Talrinne des Goldlochs sei eiszeitlich, dachte man natürlich an eine Gletschermulde oder einen Gletschersee. Die Entstehung hat jedoch einen anderen Hintergrund. Der Westhang des Pferdskopfes sowie der Nordteil der gegenüberliegenden Eube bestanden aus Röt bzw. Muschelkalk, die gegen mittleren Buntsandstein im Zentralbereich des Tales abgesenkt waren. Dieses Plateau, geologisch eine kleine Horststruktur, bestand vor dem Tertiärvulkanismus und wurde nicht von Basalt überdeckt. Nach späterer Hebung gegen Ende des Tertiärs wurden die an-

Die Entstehung des Guckaisees

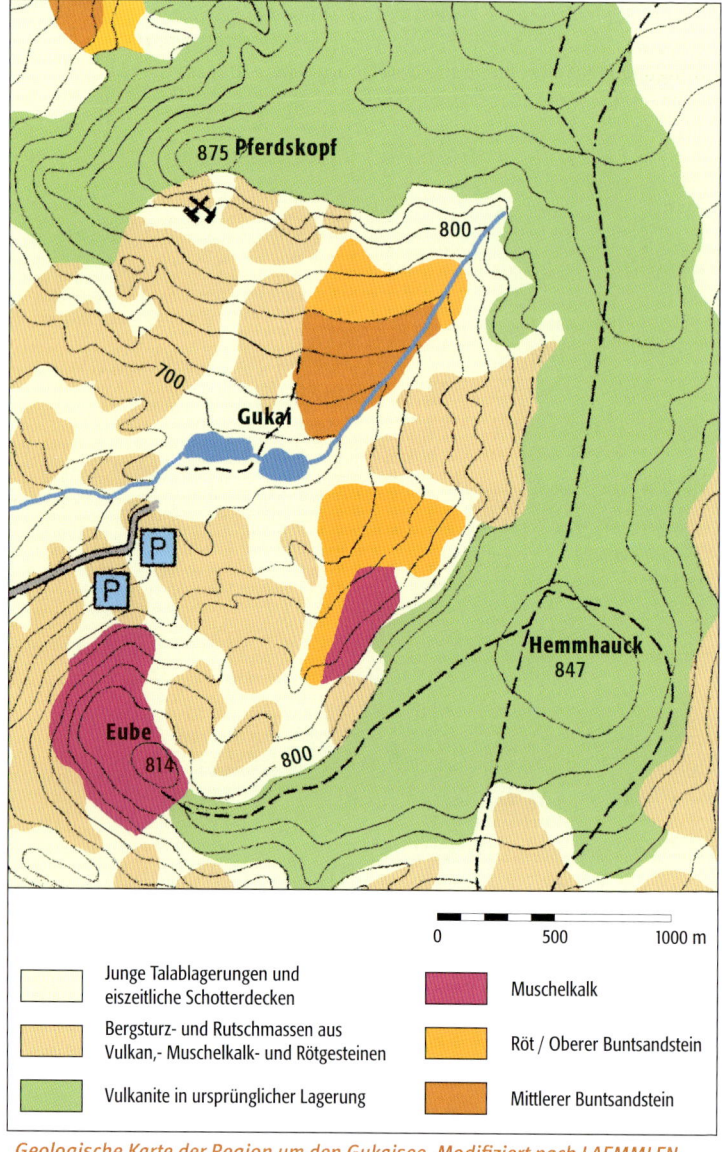

Geologische Karte der Region um den Gukaisee. Modifiziert nach LAEMMLEN (1987).

fälligen Buntsandsteine langsam von Südwesten her ausgeräumt. Der Pferdskopf war durch Basalt und Phonolith vor der Abtragung geschützt, die Eube durch harte Kalke, beide Hänge in der Folgezeit zusätzlich durch Rutschmassen.

Der heutige Guckaisee ist künstlich aufgestaut und bildet ein Erholungsgebiet mit Parkplatz, beschilderten Wegen und Paddelbootverleih. Wer zur Fuldaquelle möchte, kann die Tour von hier aus gut beginnen.

> Dem Interessierten bietet sich ein kleiner Abstecher zur **Fuldaquelle** an. Ein abzweigender Weg führt in einem Bogen am Südhang der Wasserkuppe entlang, wobei der Blick auf die zahlreichen Quellaustritte fallen sollte. Die Fuldaquelle selbst ist als Naturdenkmal ausgewiesen, wobei kritisch anzumerken ist, dass diese Quelle, wie (zu-) viele andere auch, gefasst ist.
> Es ist weitgehend unbekannt, wie unglaublich viele Tierarten in solchen Quellen und dem Grundwasser leben. Es handelt sich um Organismen, die oft im quellnahen Grundwasser den Tag verbringen und nachts zur Nahrungsaufnahme an die Oberfläche aufsteigen. Neben Wassermilben, kleinen Spinnen, verschiedenen Würmern und Einzellern tritt auch die Rhönquellschnecke *Bythinella compressa* auf. Zum Vergleich: ein Streichholzkopf ist mehr als doppelt so groß.
> Diese Schnecke ist in der Rhön endemisch, was bedeutet, sie kommt, von Einzelfunden im Vogelsbergbereich abgesehen, weltweit nur in der Rhön vor. Der Schutz solcher einmaliger Kleinode gehört zu den Zielen von Naturpark und Biosphärenreservat. Fassungen von Quellen sind der Lebensweise dieser Tiere leider konträr.
> Mittlerweile sind mehrere Tausend (!) Lebewesen aus dem Quellbereich erfasst worden, hier leistet der Verein für Höhlen- und Karstforschung e. V. Herausragendes (Kontakt im Kap. „Nützliches und Informatives").

Die Eube ist gekrönt von einem Plateau aus unterem Muschelkalk, wobei die Hochfläche in die des noch einmal über 25 m höheren Hemmhauck übergeht, der zur basaltischen Abteilung gehört. Sommers führen Wege vom Guckaisee-Parkplatz auf das Plateau, winters ein Skilift, dessen Strecke auch im Sommer begehbar ist. Im Aufstieg zur Eube überwiegen die Hangschuttmassen, wobei der Anteil an Muschelkalk zwar normal ist, weniger die oft gute Erhaltung im (kleinen) Gesteinsverband. Da der Muschelkalk ein Kluftgestein ist, können sich größere Brocken oder sogar Schollen abspalten. Das unterlagernde Röt ist wesentlich weniger fest gefügt, die relativ feinkörnigen Sedimente bilden bei der Verwitterung abgeflachte Hänge, die bei entsprechender Nässe eine hohe Gleitfähigkeit aufweisen. Bricht eine größere Muschelkalkeinheit oben ab, kann sie komplett einen Hang herunterrutschen. Auf einer Verebnung kann sie zum Stillstand kommen, ist dann vielleicht verdreht und verstürzt, aber

Eube

Eine Seltenheit: Hangrutschmassen im Gesteinsverbund

noch weitgehend im Verbund. Dies unterscheidet den Hang der Eube von dem des Pferdskopfes bzw. des Goldloches, wo die Rutschmassen völlig chaotisch verteilt sind.

Orientiert man sich wieder dem Gipfel der Wasserkuppe zu, durchquert man Hangschutt, dann lagert linker Hand der mittlere Buntsandstein, bevor man auf das Röt trifft. Etwas weiter oberhalb steht dann sogar schon der untere Muschelkalk an.

Die basaltische Abfolge auf der Wasserkuppe

Der geologische Bau folgt dem allgemeinen Abfolgeschema der Region, wird aber durch häufige Wechsel zwischen Tuff- und Lavenförderung geprägt. Die prätertiäre Landoberfläche wurde zunächst von Basalttuff bedeckt, aufgrund der ausgeprägten Reliefunterschiede jedoch nur unvollständig. Auch der folgende Olivinbasalt ist nur in ehemaligen Senken vertreten. Von einer geschlossenen Decke kann erst bei dem Hornblendebasalt die Rede sein, der nach einer dünnen weiteren Tuffauflage folgt. Die allgemein etwa 25 m mächtige Decke weist große Kristalle von Hornblende auf, die sich nur bilden können, wenn die Lava langsam erkaltet ist. Dazu ist ein entsprechendes Volumen erforderlich. Dieses fehlte in der folgenden Zeit. Immer wieder wurden Tuffe erumpiert, in die Basalte eingeschaltet sind, die man kaum Decken nennen kann.

Die Basaltergüsse erreichten Mächtigkeiten von weniger als 1 m bis zu wenigen Metern und Ausdehnungen von oft weniger als 1 km^2. Die Bezeichnung Deckenbasalt ist hier nur dadurch gerechtfertigt, dass die Lava dünnflüssig war und sich flächig ausbreitete und nicht in Kuppen auftritt. Die Tuffe wirkten auf die Morphologie ausgleichend, ebenso die Erosion in Aktivitätspausen. Der ständige Wechsel sorgte trotzdem für ein bewegtes Landschaftsbild. Außerdem gab es einzelne spätere Durchbrüche von Basalten und auch Phonolithen, wie unterhalb des Gipfels aufgeschlossen. Das Gipfelplateau selbst wird von einer mächtigen Olivin-Nephelinit-Decke gebildet, die die unterlagernden Tuffe vor der Abtragung geschützt haben und uns so die Wasserkuppe „erhalten" haben.

In nordwestlicher Richtung vom Kuppenplateau gelangt man nach kurzem Abstieg an eine Mulde, die das darstellt, was für das Goldloch und den Guckaisee vermutet wurde: eine eiszeitliche Karmulde. Hier konnte sich Schnee sammeln und verdichten (Firnbildung), die Schneemassen schoben bergabwärts einen Wall vor sich auf. Von einer Moräne zu sprechen, wäre hier wohl übertrieben, aber wie in den typischen Glazialzonen, al-

Eiszeitliche Karmulde

pin oder skandinavisch, sind Vorgänge und Auswirkungen identisch. Steile Talhänge sind wie der schließlich überwundene Wall vorhanden, zur Ausbildung einer echten Seiten- oder Grundmoräne konnte es auf diesem kleinen Raum nicht kommen. Die Bildung verdankt die Mulde vor allem ihrer Lage am Nordwesthang der Wasserkuppe, der nicht so sonnenbeschienen war wie der Guckaiseekessel.

Den tertiärzeitlichen Sedimenten gilt schon seit langer Zeit das bergbauliche Interesse. Spätestens 1843 wurden bei Sieblos und Abtsroda Schürfe angelegt mit dem Ziel, Porzellanerde (Kaolinton) zu finden. Zunächst wurden Versuchsstrecken und -schächte angelegt, wohl aber 1847 hier wieder aufgegeben. Funde bei Abtsroda (400 m östlich des damaligen Ortes) waren ergiebiger, der Rohton wurde bis 1868 im Ort zu „Kreide" aufgeschlämmt. Danach diente der Ton seinem Zweck bei der Fuldaer Porzellanmanufaktur, die damals eine Blütezeit erlebte. Ihre Produkte sind u. a. im Fuldaer Vonderau-Museum zu bewundern. Das alte Vorkommen ist längst unter Müllbedeckung verschwunden.

Einstige bergbauliche Aktivitäten in tertiären Sedimenten

Am Nordwesthang der Wasserkuppe galt die Aufmerksamkeit der Braunkohle, nachdem ein Probeschacht auf entsprechende Schichten getroffen war. Nach langer und wechselvoller Geschichte wurde der Abbau bereits 1919 eingestellt, auch Wiederbelebungsversuche 1944 als zwecklos verworfen. Da die Geschichte des Bergbaus und Zeugnisse der bergbaulichen Tätigkeit sowie Fossilfunde aus dem Abraum des Kaolinabbaus und der Kohleförderung in einem eigenen Museum dargestellt sind, erfolgt die Beschreibung im Kapitel „Interessante Lokalitäten". Hier sei schon gesagt, dass das Sieblos-Museum in Poppenhausen nur etwa 5 km entfernt liegt, ein Besuch ist „Pflicht". Spuren des Bergbaus selbst sind im Gelände kaum mehr auszumachen, Stollen wie Mundlöcher sind eingestürzt, auch die Halden sind zugewachsen.

Sieblos-Museum s. Seite 104

Der weitere Weg zurück zum Ausgangspunkt der Wanderung führt nun noch an einem der typischen Blockmeere vorbei, bis nach einer kurzen Strecke durch das Röt der Parkplatz bei Abtsroda erreicht wird.

Das Ulstertal – Kelten und Kali, Grenzen und Genossen

Nun steht ein weiterer Teilabschnitt unseres Streifzuges an: das Ulstertal mit dem Einzugsgebiet des Flusses. Da es sich um ein langgestrecktes Areal handelt, geht es eher im Zickzack das Tal hinunter, ein Kreis schließt sich insofern aber wieder, weil der Weg im Bereich des Hessischen Kegelspiels endet, wo der Streifzug begann. Hier beginnen wir mit dem Übergang von der Wasserkuppe zum Heidelstein, wo die Ulster entspringt. Auf einer Länge von 47 km fließt sie zunächst durch Hessen, um dann zwischen Tann und Geisa nach Thüringen zu wechseln. Für ein kleines Stückchen zwischen Wenigentaft und Pferdsdorf kehrt sie noch einmal nach Hessen zurück, bildet ein Stück weit die Grenze, um dann nahe dem thüringischen Philippsthal in die Werra zu münden.

Die Ulster

Über den Namen wird spekuliert, ein keltischer oder althochdeutscher Ursprung wird angeführt, doch ist es wahrscheinlich, dass der Name tatsächlich mit der irischen Ulster zusammenhängt. Es waren irische Mönche unter Bonifatius und seinem Schüler Kilian und deren Nachfolger, die die Region missionierten. Ob eine Ähnlichkeit zu ihrem Herkunftsland bestand, bleibt ungewiss, doch sahen Landschaft und Vegetation im 8. Jahrhundert sowohl in der Rhön als auch Irland anders aus als heute.

Das Touristenbüro in Wüstensachsen bietet vielfältige Informationen zur Region

Unweit östlich des Schafsteins liegt der Hauptort der Gemeinde Ehrenberg, Wüstensachsen. Im alten, sehenswerten Ortskern sind Informationen zur Region im Touristikbüro bei der Gemeindeverwaltung zu erhalten, so auch zum Roten Moor, dem Heidelstein, der Ulsterquelle und anderen interessanten Plätze in der Umgebung. Auf der B 278 kann man die Parkplätze Moorwiese und Moordorf erreichen, von wo aus markierte Wanderwege starten, aber auch vom Ort aus selbst führt ein Rad- und Wanderweg in das Gebiet.

Dieser führt an einem attraktiven Abenteuerspielplatz vorbei, der weithin bekannte Rhönschäfer D. Weckbach ist hier anzutreffen und die Forellenzucht Keidel liegt auch am Weg. Sie verdient Erwähnung, weil neben der Zucht der einheimischen Bachforelle auch der Deutsche Edelkrebs gezüchtet wird. Dies erfolgt in Abstimmung mit den Naturschutzbehörden und -institutionen im Rahmen eines Modellprojektes.

Zunächst geht es durch den mittleren, dann den oberen Buntsandstein im Tal der jungen Ulster bergauf. Etwa dort, wo der Weg am Waldrand eine scharfe Linkskurve macht, beginnt oberhalb eine Muschelkalkabfolge. Die Wegbiegung liegt an einer Steilkante, die vom unteren Muschelkalk gebildet wird.

Quellfassung der Ulster am Heidelstein

Ulsterquelle

Wegen des Status' als Naturschutzgebiet sollte man hier dem Weg folgen und nicht an der Ulster durch den Wald aufsteigen. Auch der Weg führt schließlich zur Ulsterquelle, die zwar ebenfalls gefasst, aber ringsum von Sickerquellen umgeben ist. Aus dem Waldboden bzw. den Klüften des darunter liegenden mittleren Muschelkalks treten an vielen Stellen Wässer aus, die im Quellbereich zusammenfließen und sich zur Ulster vereinigen. Das Wasser stammt aus den überlagernden Schichten, auch aus Basalten. Daher erfolgt der Zufluss langsam, aber stetig. Die unterlagernden Gesteine des tieferen mittleren Muschelkalks sind tonig, schluffig oder mergelig ausgebildet und bilden daher einen Stauhorizont; er ist nicht undurchlässig, aber durchflusshemmend.

Herkunft des Wassers

Der obere Muschelkalk steht weiter oberhalb im Wald unter der dünnen Waldbodenschicht an. Im unbewaldeten Gipfelbereich sind es dann wieder die bekannten Vulkanite und Vulkaniklastite, die sich auch auf dem benachbarten Ottilienstein finden. Wege führen auch zu dem alten Ort Rothenmoor, einer Wüstung aus dem 30-jährigen Krieg, in der noch der Brunnen aus der damaligen Zeit erhalten ist. Tafeln informieren den Besucher vor Ort.

Auf der gegenüberliegenden Seite der B 278 wartet das Rote Moor, neben dem Schwarzen Moor das letzte seiner Art in der Rhön. Es ist etwa 30 ha groß, bis 1984 wurde hier noch abgebaut. Der Moorstich wurde in bayerischen und hessischen Kurbädern zu Heilzwecken verwendet, heute befindet sich das Moor in einer Phase der Renaturierung. Ein Lehrpfad bietet Einblick in die Entwicklung und Lebewelt eines solchen

Moorlehrpfad im Roten Moor

Die Prismenwand am Gangolfsberg

Moores. Außer dem Bohlenweg mit den Informationstafeln gibt es auch einen Rundweg um dieses hochsensible Schutzgebiet.

Ob vom Heidelstein oder von Wüstensachsen aus, man sollte sich nun in Richtung Oberelsbach orientieren. Hier befinden sich die bayerische Verwaltungsstelle des Biosphärenreservates und das „Haus der Langen Rhön" mit wertvollen Informationsmöglichkeiten und einer sehenswerten Ausstellung im Haus der Langen Rhön.

Da in der Verwaltungsstelle aktuelle Projekte koordiniert werden und sich zudem das Büro von Rhönnatur e.V. und des Projektes „Rhön im Fluss" dort befinden, sind auch Auskünfte zu erhalten, wo sich Besuche besonders lohnen. Von hier aus bieten sich zwei nahe gelegene Anlaufpunkte an.

Das „Steinerne Haus" bei Ginolfs bietet Blicke auf die ehemalige basaltische Landoberfläche

Bei Ginolfs führt der Weg zum „Steinernen Haus", einem ehemaligen Basaltbruch, der, ähnlich dem Ulmenstein, heute von einem See erfüllt ist und in dem die Gastronomie mit einem Kiosk Einzug gehalten hat. Auch ein Blick auf die ehemalige basaltische Landoberfläche ist hier möglich.

Naturlehrpfad am Gangolfsberg

Nördlich von Oberelsbach ist schnell Urspringen erreicht. Hier zweigt die Straße zu mehreren Anlaufpunkten ab: Schweinfurter Haus, Thüringer Hütte und Rother Kuppe. Vornehmlich soll hier als Zielpunkt der Naturlehrpfad am Gangolfsberg interessieren. Er ist sowohl vom Schweinfurter Haus als auch von der Thüringer Hütte aus zugänglich. Der Startpunkt liegt bei einem Parkplatz 100 m entfernt vom Schweinfurter Haus.

Basaltprismen und Teufelskeller

Dazu gehören aber auch eine sehenswerte Wand aus Basaltprismen und eine „Teufelskeller" genannte Felsformation daneben. Die säuligen Absonderungen des Alkali-Olivinbasaltes stehen steil und sind im unteren Teil von Schuttmassen überdeckt. Für den Anstieg ist eine „Treppe" aus Basaltsäulen gestaltet worden. Der Weg ist trotz des stabilen Geländers etwas beschwerlich, lohnt aber allemal. Die „Prismenwand" zählt zu den schönsten Formationen dieser Art in der gesamten Rhön. Über die Entstehung gibt eine Informationstafel Auskunft.

Blockschutt im Anstieg zur Prismenwand

Einige Meter weiter geht die Wand in den „Teufelskeller" über, einen Felsüberhang, der ein Stück weit unterhöhlt ist. In Verbindung mit den ausreichend vorhandenen Parkplätzen und der Gastronomie (Schweinfurter Haus, Thüringer Hütte, an der Rother Kuppe das Rhön-Park-Hotel) wurde der Gangolfsberg zu einem der beliebtesten Ausflugsziele der Region. Trotz des regen Zuspruchs finden sich aber durch die Konzeption des Wegenetzes immer noch ruhige Fleckchen.

Bereits bei der Anfahrt zum Schweinfurter Haus oder der Thüringer Hütte fallen nördlich ein Turm und ein großer Gebäudekomplex auf. Das Haus des Rhönklubs mit dem Aussichtsturm auf dem Gipfel der Rother Kuppe ist bewirtschaftet und ganzjährig geöffnet.

Rother Kuppe mit Aussichtsturm

Der Teufelskeller nahe der Prismenwand

Dementsprechend ist die Rother Kuppe durch Wanderwege gut erschlossen, davon führen auch einige zum „Silbersee" in einem ehemaligen Alkali-Olivinbasaltsteinbruch. Der Basalt überlagert hier den oberen Muschelkalk, wobei Funde aus den Ceratitenschichten eher selten, die Trochitenschichten dagegen stärker vertreten sind. Weiter hangabwärts finden sich die Mergel-Dolomitschichten des mittleren

Muschelkalks. Die Rother Kuppe liegt in einem Übergangsbereich zwischen der Fazies, der Ausprägung, die weiter westlich und nördlich verbreitet ist (z. B. Blätter Kleinsassen und Geisa) und der westthüringischen. Die Faziesräume unterscheiden sich in der Abfolge von Mergel- und dolomitischen Kalksteinen und der Führung von Hornstein.

Siehe auch stratigraphische Tab. Seite 93

Der mittlere Muschelkalk bildet wie praktisch überall in der Rhön durch seine erhöhte Erosionsanfälligkeit auch an der Rother Kuppe eine Verebnungsfläche bzw. zeigt geringere Hangneigungen als der obere, härtere Muschelkalk. Eine Besonderheit findet sich noch hangabwärts in Richtung Schweinfurter Haus. Eine kleine, fast dreieckige Bruchscholle aus Kalksandstein wird in das oberste Perm datiert. Das im Gelände eher unauffällige Vorkommen ist in weitem Umkreis das Einzige seiner Art bzw. dieses Alters.

Eine Besonderheit: permische Sedimente

Nach kurzer Fahrt in westlicher Richtung wendet man sich nun nach Norden und erreicht nach wenigen Kilometern den Parkplatz am Schwarzen Moor. Es ist mit ca. 60 ha das größte seiner Art in der Rhön und durch einen Bohlenweg, der als Moorlehrpfad ausgebaut ist, erschlossen. Der Weg bietet auch bei weniger schönem Wetter seinen eigenen Reiz, hier sei an Anette von Droste-Hülshoffs Gedicht erinnert: „O, schaurig ist's, über's Moor zu gehn...".

Schwarzes Moor mit Lehrpfad

Blick vom Schweinfurter Haus nach NNE zur Rother Kuppe

> **Hornstein** darf nicht mit dem Mineral Hornblende, welches in den Vulkaniten häufig auftritt, verwechselt werden. Es handelt sich hier um meist dunkelgraue opake (≈ undurchsichtige) Wiederausfällungen von Kieselsäure im Sediment, die in Form von Knollen sehr unterschiedlicher Größe vorliegen.
> Die Hornsteine sind durch einen muscheligen bis glatten Bruch und einen typischen matten Glanz gekennzeichnet. Matt bedeutet hier deutlich glatter und stärker glänzend als z. B. die Kalksteine, nicht aber glasglänzend. Ähnlich tritt dieser Effekt bei den Feuersteinen der Kreide auf.
> Hornsteinknollen enthalten oft Schalenreste von Muscheln, Brachiopoden oder Schnecken. Diese Schalen boten die Anlagerungsflächen für das ausgefällte Silikat. Kieselsäure ist nicht unbedingt mit dem extrem schwer löslichen Quarz gleichzusetzen. Mono- oder Orthokieselsäure (H_4SiO_4) ist sehr leicht im Wasser löslich und wird erst unter fortschreitendem Wasseraustritt über Polymere wie die Polykieselsäure ($H_{2n+2}Si_nO_{3n+1}$) zu amorphem oder kristallinem Quarz (SiO_2). Die gelöste Kieselsäure wird z. B. von den Diatomeen, den Kieselalgen, zum Aufbau ihres Exoskelettes genutzt.

Zunächst ist ein Schlenker nach Westen zu empfehlen. In Seiferts – bereits wieder im Ulstertal – ist der Parkplatz Birxgraben ausgewiesen. Von diesem aus kann man den ausgezeichneten Wanderpfaden folgen, beide führen zunächst in den Birxer Graben. Ein Wildbach rauscht durch dieses Tal und durch eine bunte Mischung aus Gesteinen. Die Gesteine des mittleren Buntsandsteins, die in Seiferts den Untergrund bilden, sind hier nicht mehr vorhanden. Der Parkplatz befindet sich im Bereich eines kleinen Röt-Vorkommens, das zu einem Streifen gehört, der sich parallel zu den Basalten und der Ulster bis unterhalb Hilders verfolgen lässt. Hier folgt im Einschnitt des Birxer Grabens noch der untere Muschelkalk, der dann von sandig-kiesig-schluffigen Sedimenten aus dem Miozän überlagert wird.

Im Birxer Graben ist eine Vielzahl von Gesteinen unterschiedlichen Alters anzutreffen

Im Bachlauf dominieren aber die Basalte des östlich aufsteigenden Höhenzuges. Der weitgehend naturbelassene Bachlauf mit seinen Stürzen, der Ufervegetation und der im Bach auftretenden Kleinfauna (Makrozoobenthos, Indikator für die gute Wasserqualität) gehört zu den erfreulichen Dingen in einer Region, in der wasserbauliche Maßnahmen viele Bach- und Flussläufe nicht immer zum Vorteil verändert haben.

Vom Parkplatz aus kann nun das Ulstertal selbst in Angriff genommen werden, die Alternative führt über Birx nach Frankenheim. Weiter geht es vorbei am Ellenbogen, der mit 814 m ü. NN höchsten Erhebung der thüringischen Rhön. Zugleich gilt er als nördlichste Kuppe der Langen Rhön. Auf dem Berg steht das

Ellenbogen

> Die **Strecke von Birx nach Frankenheim** ist wieder befahrbar. Es soll nicht vergessen werden, dass sich die ehemalige Grenze nur 1,5 km östlich des Parkplatzes befand und Birx in Thüringen nicht einmal einen Kilometer davon entfernt war. Es zählte somit zu den „verbotenen" Dörfern innerhalb der 5-km-Sicherheitszone auf der Ostseite der Grenze. Gerade in dem Bereich, in dem die Grenze eine Ausbuchtung in nördlicher Richtung bis hinter Tann hatte, gibt es unzählige Geschichten über den kleinen Grenzverkehr, Fluchten, menschliche Schicksale. Durch den eigenartigen Grenzverlauf lag hier regional „der Osten" im Westen!

ehemalige Rhönklubhaus von 1923, enteignet 1945, heute Hotel mit angegliedertem Skigebiet. Basis dafür bilden Alkali-Olivinbasalte und Nephelinite.

In Reichenhausen führt eine Straße weiter über Erbenhausen nach Schafhausen. Von der dortigen Jugendbildungsstätte aus kann man sich über die Wege oder auch direkter die Weiden nach Norden orientieren. Dann folgt man westwärts dem Bach bis zu einer Brücke, die man überquert, um an einem Gehölz bzw. einer Hecke entlang aufzusteigen. So gelangt man an den oberen Rand des dortigen Kalksteinbruches. Am Eingang des Bruches sollte man sich anmelden, wenn man nicht nur schauen, sondern sich im Bruch bewegen und auch klopfen möchte.

Steinbruch mit Muschelkalkgesteinen der Meininger Fazies

Im Bruch liegt unterer Muschelkalk in der sogenannten Meininger Fazies vor. Diese bezeichnet die Gesteine in einer Ausprägung, wie sie in der südwestlichen thüringischen Rhön vorkommen, zu unterscheiden von denen, wie sie wenig nördlich, z. B. bei Geisa, gefunden werden. Die Gliederung kann vom

Siehe auch stratigraphische Tab. Seite 93

– unteren Wellenkalk
– Oolithzone
– mittleren Wellenkalk
– Terebratelzone
– (oberen Wellenkalk?)
– (Schaumkalkzone)
– (Orbicularis-Schichten)

Ausprägung der Muschelkalk-Sedimente

zum mittleren Muschelkalk vorgenommen werden. Hier liegen die Unterschiede in der Reduzierung auf den Zyklus Kalk–Mergelkalk–Kalk, ohne Ausbildung der Dolomite. Zudem wird die Fazies aufgrund der Fossilführung und Ausprägung eher als lagunär denn als flachmarin eingestuft. Die Kalke sind überwiegend plattig bis dünnbankig, selten dickbankig ausgebildet, hell- bis mittelgrau, leicht bläulich. Auffällig sind die fossilführenden Zwischenlagen, die nicht nur durch die Oxidation organischer Substanz rötlich-braune Komponenten enthalten, sondern auch durch die sparitische, fast schon grobkristalline Struktur auffallen. Hier handelt es sich um die beiden Terebratelbänke, getrennt durch ein sogenanntes Zwischenmittel. Die Bänke sind fossilführend, gefunden wurden hier verschiedene Muscheln (Myophorien, Coenothyrien, Plagiostomen, Mytiliden), dazu Schnecken und Crinoideen, wobei die Stielglieder dieser Seelilien gelegentlich in schönen „Reihen", d. h. im ursprünglichen Zusammenhang, vorliegen. Es kommen mehrere Arten von Seelilien wie Encrinus und Holocrinus vor. Den überwiegenden Teil der Lebensspuren bilden aber die Rhizocorallien und Wurmspuren, die keine Körperfossilien enthalten, sondern Fressbauten darstellen.

Fossilfunde

Den Rückweg ins Ulstertal sollte man über Erbenhausen, Kaltensund- und Kaltenwestheim legen, um nach Tann zu gelangen. An dieser Strecke liegen mehrere sehenswerte Straßenanschnitte, teilweise auch mit Flächen davor, die ein Anhalten bzw. Parken erlauben. Hier sind verschiedene Stufen aus dem gesamten Muschelkalk aufgeschlossen.

Mehrere Straßenanschnitte im Muschelkalk nahe Tann

Wer über Simmershausen auf das Ulstertal zusteuert, kann auch noch nach Hilders abzweigen. Dort liegt am linken Ufer der Ulster (ausgeschildert) ein Fisch- und Gewässerkundelehrpfad. Die Geröllführung des Flusses gibt zwar auch Aufschluss über das Liefergebiet der Gesteine, doch steht hier die belebte Natur im Vordergrund.

Fisch- und Gewässerkundelehrpfad Hilders

„Steinreich": Die Vielfalt der Gesteine und Fossilien im Überblick

Weiter flussabwärts geht es nun auf der B 278 oder dem parallel verlaufenden Ulstertalradweg nach Tann. Dem geologisch interessierten Besucher sei ein Besuch im „Steinreich" empfohlen. Diese Ausstellung stammt aus einer privaten Sammlung, die nach dem Tode des Sammlers an einen Verein zur Heimat- und Kulturpflege als Schenkung

Das Ulstertal – Kelten und Kali, Grenzen und Genossen

> Zu Zeiten der DDR dreiseitig „umzingelt", von der Außenwelt weitgehend abgeschnitten und vergessen, hat sich **Tann** mittlerweile enorm entwickelt. Bei Wettbewerben wurde der Ort zum beliebtesten Urlaubsziel Hessens und unter Deutschlands schönsten Orten auf Platz 14 gewählt. Im historischen Ortskern findet der Besucher das Naturkundemuseum mit sehenswerten Dioramen zur Natur und Landschaft der Rhön. Direkt angegliedert ist ein Museumsdorf mit restaurierten und rekonstruierten Häusern, Werkstätten u. v. a. m. Hierzu mehr im Kap. „Interessante Lokalitäten".

Gesteine und Fossilien der Region gibt es im „Steinreich" zu sehen

Kontakt zum „Steinreich" s. Kap. „Informatives und Nützliches"

überging. Zusammen mit der Gemeinde wurde in unmittelbarer Nähe des Museumsdorfes eine geeignete Räumlichkeit gefunden, in der nun die schönsten und wichtigsten Stücke der Sammlung gezeigt werden.

Neben einer beachtlichen Sammlung heimischer Ammoniten – bei weitem nicht nur Ceratiten – werden auch die Gesteine der Region gezeigt. Eine eigene kleine Vitrine ist Funden aus Sieblos gewidmet. Freundlicherweise ist der Eintritt frei, Spenden zum Unterhalt der Ausstellung sind jedoch willkommen.

Habelberg und Habelsee

Ein Vorschlag für eine Wanderung bei Tann führt zum Habelberg. Die Basaltkuppe erhebt sich aus mittlerem und oberem Buntsandstein und am Westhang unterem Muschelkalk. An der Südflanke liegen Blockschutt und Geröll, darin unscheinbar der Habelsee; er ist mehr ein Teich, der zumal im Sommer austrocknet. Interessant am Rand: Während für den Ort Tann, Ortsmitte, die Höhenangabe von 380 m ü. NN einheitlich und unbestritten ist, werden für den Habelberg in der Literatur und verschiedenen Karten diverse Höhen zwischen 685 und 718 m ü. NN angegeben.

Weiter geht die Reise ulsterabwärts. Zwischen Günthers und Motzlar überschreitet man die ehemalige Grenze. Die im Bereich eines alten Wachpostens und heutigen Parkplatzes aufgetürmten Basalte sind allerdings „anthropogen" dorthin gelangt.

Am Abzweig Richtung Kranlucken, noch vor der Ortschaft Schleid, wende man sich nach links der Ulster zu. Bevor man auf dieser Straße den Ort erreicht, ist links eine Brücke zu sehen. Über sie gelangt man auf das linke Ufer der Ulster und wendet sich sofort nach rechts. Dieser Weg ist für landwirtschaftliche Fahrzeuge freigegeben und für PKW nur bei trockenem Wetter und ausreichend Bodenfreiheit zu empfehlen, ansonsten steht ein Spaziergang an.

Röt-Sedimente des oberen Buntsandsteins an der Roten Wand

Ziel ist die „Rote Wand". Hierbei handelt es sich um einen Aufschluss im oberen Buntsandstein, dem Röt; das Gestein gehört in den oberen Teil der Röt-Folge, zeigt aber nicht den typischen Habitus, der zu erwarten wäre. Regional sollten Tonsteine in unterschiedlicher Ausprägung vorhanden sein, der Schluff- oder Feinsandanteil dürfte nur relativ gering sein. Hier sind Fein- und Mittelsande dominant. Zieht man den Vergleich Laemmlens aus den Erläuterungen zur Geologischen Karte von Hessen Bl. Geisa zurate, würde das Gestein eher der Gliederung des hessischen Werra-Kali-Gebietes (nach LANGE & KÄDING, 1961) entsprechen. Dort sind im oberen Röt Quarzite abgelagert. Da die Schichtung, Färbung und einzelne feinkörnigere Lagen aber wieder der üblichen Regionalstratigraphie entsprechen, liegt der Gedanke an eine Faziesverzahnung nahe. Offenbar trafen hier die verschiedenen Ablagerungsräume aufeinander und vermischten sich sowohl hinsichtlich der Ablagerungsbedingungen als auch in der zeitlichen Abfolge.

Welche Rolle die Tektonik hier spielt, fragt sich auch am Fuß des Hanges. Hier wurde durch das Projekt „Rhön im Fluss" ein Altarm der Ulster teilweise wieder freigelegt. Bei den Baggerarbeiten tauchte im Untergrund unterhalb des Röt-Hangschuttes der stratigraphisch höher stehende Muschelkalk auf. Da diese

Die Rote Wand bei Schleid

Die Gesteinsausprägung deutet auf eine Faziesverzahnung hin

Eine tektonische Störung durchzieht den Hangfuß

Kalke auf der anderen Talseite nachgewiesen sind, aber auch auf dem Abendsberg, dem Gipfel der Roten Wand, drängt sich der Gedanke an eine Störung parallel zur Roten Wand und ihrer Fortsetzung auf.

Dass eine solche nicht in der Geologischen Karte verzeichnet ist, der Aufschluss auch nicht beschrieben ist, muss nicht verwundern. Zur Zeit der Neuaufnahme des Blattes Geisa (bis 1975) war der thüringische Teil des Blattes den Kartierern nicht zugänglich. Daher wurde für diese Bereiche die Karte nach A. V. KOENEN von 1886 unverändert übernommen. Die dort eingetragenen Verbreitungen der Schichten sind ohne jeden Zweifel exakt und sehr gut nachvollziehbar. Die Erkenntnisse der letzten 120 Jahre in Sachen Tektonik und Feinstratigraphie sind hier jedoch noch nicht eingeflossen. Dies trifft auch auf das angrenzende Blatt Spahl zu, das nur als Nachdruck der Karte von 1909 vorliegt. Hier gibt es also auch noch viel zu tun und zu entdecken.

Gleiches trifft auch auf zwei kleine Aufschlüsse im unteren Muschelkalk wenig nordwärts bei der Ortschaft Wiesenfeld zu. Von Geisa aus führt eine kleine Straße in den Ort, der hauptsächlich durch die Grenznähe und bedeutende Vorkommnisse im Zusammenhang damit Bekanntheit erlangt hat.

In Wiesenfeld dient als Orientierungshilfe die Kirche. Hier bietet es sich an, sein Fahrzeug abzustellen und dem alten Kolonnenweg (Beton-Lochplatten-Fahrspuren, gehörten zu den Grenzanlagen) zu Fuß einige Meter nach Nordwesten zu folgen. Dann erblickt man rechter Hand bereits zwei kleine Anschnitte mit unterem Muschelkalk. Da Privatbesitz bzw. Pachtgrund, bitte um Zutrittsgenehmigung nachfragen. Nicht oft aufgeschlossen, daher spannend: Hier sind neben dem unteren Wellenkalk die Oolithzone und das Zwischenmittel angeschnitten. Auf grauen, dichten Kalk bis Mergelkalk mit zwischengeschalteter Muschelschillbank folgen dünnplattigere Kalke gelblicher Farbe. Wurmbauten sind reichlich vorhanden.

Selten aufgeschlossene Schichten des unteren Muschelkalks bei Wiesenfeld

Die Oolithzone ist durch eine bläulichere Farbe der harten, dünnbankigen bis wulstigen Kalke gekennzeichnet, schaumige Partien sind heller, gelblich bis rostfarben und sind oder waren fossilführend. Die löcherige Struktur stammt teilweise von herausgelöstem biogenem Material wie Muschel- und anderen Schalen. Der Bröckelkalk des Zwischenmittels bedarf kaum einer Erklärung. Er ist typisch grau, bröckelig, weist nur wenige dichtere Platten auf. Das gelbe Zwischenmittel ist hier nicht aufgeschlossen.

Nördlich von Geisa steht dann der Grenzbereich zwischen dem mittleren Wellenkalk und der Terebratelzone des unteren Muschelkalks an. Die Fahrt führt durch Geisa und weiter auf der B 278 Richtung Borsch. Statt nach Borsch abzubiegen, geht es nach links zu einem noch in Betrieb befindlichen Steinbruch, der allerdings auch als Deponie für Erdaushub und unbelasteten Bauschutt dient. So ist der Bruch ständigen Veränderungen unterworfen, eine genauere Beschreibung hier nicht möglich. Dennoch lohnt es sich, am Eingang um Zutritt zu bitten und sich nach der aktuellen Situation zu erkundigen. Neben Einblick in die Ablagerungsgeschichte bietet die Lokalität mit Brachiopoden, Muscheln und Gastropoden sowie Trochiten auch Fossilienfreunden etwas.

Ein fossilienreicher Muschelkalkbruch bei Borsch bietet gute Einblicke in die Ablagerungsgeschichte

Bei Buttlar, noch etwas weiter nördlich auf der B 278, gibt es zwei Möglichkeiten, den nächsten Anlaufpunkt zu erreichen. Wer vor Buttlar scharf Richtung Rasdorf/Hünfeld abbiegt, gelangt auf der B 84 in der Nähe eines alten Wachtturms zum Abzweig zum Gipfel des Standorfsberges.

Standorfsberg

Blick aus SW auf den Standorfsberg

Das Ulstertal – Kelten und Kali, Grenzen und Genossen

Der Standorfsberg ist eine geologische und botanische Besonderheit

Dieser Berg kann aus geologischer wie botanischer Sicht als eines der Highlights der Region bezeichnet werden. Buntsandstein, Muschelkalk, Basalt, dazu eine Wacholderheide, zusätzlich eine Kalkmagerrasen-Flora, Orchideen und nicht zuletzt stein- und keltenzeitliche Funde sind hier konzentriert. Der Verlauf der ehemaligen Grenze über diesen Berg betont seine Sonderstellung zusätzlich. Für den größten Teil des Berges gilt strenger Naturschutz, es ist ohne besondere Genehmigung nicht gestattet, von den Wegen abzuweichen.

Geologischer Aufbau

Den Gipfel bildet ein gangförmiger Körper von Alkali-Olivinbasalt, am Südhang zeigt er sich in Klippen. Dort sind dünne liegende Säulen zu finden, in der Nähe gibt es einen kleinen alten Steinbruch, in dem die Absonderungen unregelmäßig sind.

Im Gipfelbereich wurde ein Mahlstein aus der Jungsteinzeit gefunden, auf dem damals Getreide und Kräuter zerrieben wurden. Er befindet sich heute als Leihgabe im LIZ in Rasdorf. Die Kuppe wurde wohl auch in der Hallstatt- und La-Tène-Zeit von den Kelten zumindest besucht, wenn nicht besiedelt. Funde von Tonscherben und Werkzeugresten beweisen dies.

Muschelkalk in Meininger Fazies

Hangabwärts steht der mittlere Muschelkalk an, hier in der sogenannten Meininger Fazies ausgebildet. Somit handelt es sich überwiegend um Kalke, Mergelkalk- und Dolomitsteine, graue und gelbbraune Farbtöne herrschen vor. Die Struktur ist plattig bis bankig, Fossilien sind selten. Gelegentlich sind Muscheln, vornehmlich Myophorien, gefunden worden. Die zur

Unterer Wellenkalk am Fuß des Standorfsberges

Abfolge gehörigen Zellenkalke wurden nur in Form von Lesesteinen gefunden.

Den Weg bergab kann man auf dem alten Kolonnenweg antreten. Wer den steilen Ab- und vor allem Wiederaufstieg scheut, kann auch am Ortseingang von Buttlar noch vor der Brücke über die Ulster nach links abbiegen und sich im folgenden Ort Wenigentaft gleich am Ortseingang bei der Linde wieder links halten. Nach etwa einem Kilometer beginnt bei einem kleinen Schutzhäuschen der Fuß- und Radweg entlang des Fußes des Standorfsberges. Unter der alten Eisenbahnbrücke hindurch erreicht man mehrere kleine Anschnitte im unteren Muschelkalk, die problemlos zugänglich sind. Es handelt sich hier um den unteren Wellenkalk.

Die überlagernden Schichten des mittleren Wellenkalks und weitere Zwischenschichten wie die Terebratelzone gerade in der hier vorliegenden Meininger Fazies haben nur wenige Meter Mächtigkeit und hier auch nur wenige Meter Ausbissbreite.

So ist es auch an einem weiteren Anlaufpunkt unseres Streifzuges. Zurück nach Wenigentaft, führt der Ulstertalradweg Richtung Philippsthal am linken Ufer der Ulster entlang. Von Pferdsdorf aus gibt es einen Weg am rechten Ufer. Dort steht ein roter, rotbrauner und violetter Sandstein an, der nach A. V. KOENEN (1886) in den mittleren Buntsandstein gehört.

Rote Wand am Lindig

Damals wurde der mittlere Buntsandstein noch nicht weiter untergliedert, heute geht man auf der Thüringer Seite von einer Abfolge seines unteren Teils in
− Gervilienschichten
− Rotweiße Wechselfolge
− Basissandstein
aus. Auf der hessischen Seite wird die Volpriehausener Stufe, der untere Teil des mittleren Buntsandsteins, in
− Avicula-Schichten
− Volpriehausener Wechselfolge
− Volpriehausener Sandstein
− Grobsandsteinhorizont
gegliedert. Die Avicula-Schichten sind hier die ältesten an der Oberfläche anstehenden Gesteine. Sie ließen sich auf der westlichen Seite des Tals im Bereich nahe der Einmündung des Meiselbaches nachweisen. Dort wurde 1938/39 auch eine Kali-Aufschlussbohrung abgeteuft, die mittleren Buntsandstein bis auf 156 m unter Gelände nachwies.

Während die Muschel *Avicula murchisoni* (GEINITZ) am linken Talrand gefunden wurde – zwar nur in einer Größe von wenigen Millimetern, dafür aber häufig – sind weder sie noch die Gervilien (ebenfalls eine Gattung der Muscheln) am rechten Ufer nachgewiesen. Neben faziellen Unterschieden spielen hier auch tektonische Vorgänge eine Rolle, die zu Sattel- und Muldenstrukturen sowie Verwerfungen im Bereich des Pferdsdorfer Sattelhorstes geführt haben.

Dieser Bereich war lange Zeit nicht zugänglich. Die Orte Wenigentaft und Pferdsdorf lagen auf dem Gebiet der ehemaligen DDR, lediglich ein kleines Stück an der Ulster, der Ulstersack, gehörte zur BRD. Dementsprechend fanden hier einerseits viele Fluchtversuche statt, andererseits wurde dieser Grenzabschnitt streng bewacht. Viele **dramatische, aber auch kuriose Geschichten** ranken sich um das Gebiet

Die Bewohner von Wenigentaft hatten einmal längere Zeit „Ausgangsverbot". Ein Sperrgitter im Grüsselbach hatte sich mit Totholz, Laub und Heu zugesetzt, ein Gewitter mit Starkregen riss die Grenzsperre los, der Ort wurde von einer Schlamm- und Flutwelle überschwemmt. Leider enthielt der Schlamm in großer Zahl Minen, die erst von Soldaten fachgerecht aus Straßen und Vorgärten entfernt werden mussten.

An der nahe gelegenen Buchenmühle führte die Grenze quer über den Hof. Das Wohngebäude lag im Westen, Scheune und Brunnen im Osten. In der Anfangszeit der Teilung war hier eher ein freundlicher Treffpunkt für die Grenzbeamten Ost und West. Erst nach Jahren musste das Anwesen geräumt werden.

Heute ist der Bereich wieder frei zugänglich. Die Verbaue in der Ulster wurden größtenteils entfernt, zwei Altarme wurden in der Aue revitalisiert und geführte Grenzwanderungen werden angeboten.

Keltendorf Sünna s. Seite 101

Unser Streifzug durch das Tal der Ulster soll an dieser Stelle enden, da sich einerseits für eigene Unternehmungen genug Spielraum bietet (das Keltendorf bei Sünna liegt in unmittelbarer Nähe), andererseits der Mündungsbereich bei Philippsthal in der flachen Werraaue keine Aufschlüsse bietet. Hier wird in Kürze auf dem Gelände der K+S AG (früher Kali und Salz AG) ein Wehr entfernt. Weitere Baumaßnahmen stehen an, um die Ulster wieder für Fische und Kleinlebewesen längsdurchlässig zu machen. Allerdings wird nun wieder verstärkt salzhaltiges Abwasser eingeleitet, weil es im 60 km entfernten Neuhof nicht mehr in die alten Stollen und Strebe verpresst werden kann. Versuche, die Salzlaugen technisch nutzbar zu machen, laufen derzeit in Kooperation mit einem Unternehmen in den Niederlanden. Trotz dieser Bemühungen der K+S AG wird es aber noch dauern, bis auch die Werra entlastet werden kann. Der Revitalisierung der Ulster werden somit Grenzen gesetzt, die Nutzung der geologischen Ressourcen und Belange des Naturschutzes prallen hier aufeinander.

Gegenüberstellung der regionalen Stratigraphie und Leitfossilien des Muschelkalks für unterschiedliche Bereiche der Rhön. Die Abkürzung C. steht für die Gattung Ceratites.

			Kuppenrhön, Raum Hersfeld, Eiterfeld, Geisa		Hessisch-Thüring. Kaligebiet	Höhere Rhön (~Blatt Kleinsassen)		v. Koenen (1886/88), Haack (1912), Bücking (1913)
Muschelkalk	**oberer**	Ceratiten-Schichten	Oberer Ceratiten-Kalk	C. nodosus, C. dorsoplanus, C. semipartitus		Oberer Ceratiten-Kalk (unsicher)	C. nodosus, Coenothyris cycloides (Cycloides-Bank)	
			Mittlerer Ceratiten-Kalk	C. compressus, C. armatus, C. evolutus, subspinosus, C. spinosus		Mittlerer Ceratiten-Kalk	C. compressus, C. spinosus	
			Unterer Ceratiten-Kalk	C. atavus, C. robustus		Unterer Ceratiten-Kalk	C. atavus, C. pulcher	
		Trochiten-Schichten	Obere Hälfte		Trochitenkalk	Trochitenkalk	Trochitenschichten	Trochitenkalk
			Untere Hälfte		Knauer, Wulstkalke		Gelbe Basisschichten	Mytilus-Schichten
								Hornsteinschichten
	mittlerer		Mergel- und Kalkstein-Wechselfolge		Ob. Dolomit	Hornsteinzone		
					Ob. Wechsellagerung			
			Obere Zellenkalke		Mittl. Dolomit	Obere Mergel- und Dolomitschichten mit oberem Zellenkalk		
					Mittl. Wechsellagerung			
			Mergel- und Tonsteine, ehemals Steinsalzlager		Ob. Sulfatschichten Muschelkalksalze Unt. Sulfatschichten	Gips- und Tonsteinschichten		
			Untere Zellenkalke		Unt. Wechsellagerung	Untere Zellenkalke		
			Untere Mergel und Dolomite		Unt. Mergel und Dolomite	Untere Mergel und Dolomite		
	unterer	Wellenkalke i.w.S.	orbicularis-Schichten (muOr)			orbicularis-Schichten (muOr)		
			Schaumkalkzone (muS)			Schaumkalkzone (muS)		
			Ob. Wellenkalk (muW3)			Ob. Wellenkalk (muW3)		
			Terebratelzone (muT)			Terebratelzone (muT)		
			Mittl. Wellenkalk (muW2)			Mittl. Wellenkalk (muW2)		
			Oolithzone (muOo)			Oolithzone (muOo)		
			Unt. Wellenkalk (muW1)			Unt. Wellenkalk (muW1)		

Interessante Lokalitäten – Museen, Ausstellungen und andere spannende Plätze im regionalen Umfeld

Neben den bereits erwähnten Orten gibt es im hier beschriebenen Gebiet und dessen Umgebung nicht nur zahlreiche weitere Aufschlüsse, sondern auch Plätze und Wege, an denen naturwissenschaftliche und kulturelle Themen dargestellt werden. Sie sind allemal besuchenswert und können ein rein geologisch orientiertes Programm ergänzen oder auflockern.

Weblinks und Kontaktadressen s. Kap. „Nützliches und Informatives"

Es handelt sich hier nur um eine kleine Auswahl relevanter Örtlichkeiten, praktisch jede Gemeinde bietet Ausstellungen, Wanderwege oder geführte Wanderungen zu verschiedenen Themen an. Hierüber kann man sich im Internet auf verschiedenen Rhöner Websites informieren, dazu gibt es jährlich aktualisierte Wander-, Hotel-, Radwege- und sonstige Führer.

Von unserem letzten Standort im Ulstertal aus – wie auch von anderen Punkten am Nordrand der eigentlichen Rhön – bietet sich ein Ausflug über die B 27 zum Kloster Cornberg an.

Ehemaliger Steinbruch und Kloster Cornberg

Die Gemeinde und das Kloster sowie ein großes ehemaliges Steinbruchgelände finden sich zwischen Bebra und Sontra direkt an der Bundesstraße. Hier stehen in einem Hebungsbereich permische Gesteine an der Oberfläche an. Im Cornberger Steinbruch ist eine Gesteinsabfolge vom Rotliegenden bis zum Zechsteinkalk aufgeschlossen.

Die Bildung des Cornberger Sandsteins

Die Abfolge beginnt mit Konglomeraten, die aus Abtragungsschutt der damals umliegenden Gebirgszüge entstanden. Zur Zeit des Rotliegenden waren dies nordwestlich noch Hochgebirge, die heftiger Abtragung unterlagen und grobes Material in die Senken lieferten. Diese Schichten können lokal Mächtigkeiten bis 900 m erreichen und werden nach einem typischen Fundort Eisenacher Schichten genannt. Als die Erosion fortgeschritten war und nur noch ein Mittelgebirge übrig blieb, wurde feinerer Sand äolisch oder durch starke Niederschlagsereignisse angeliefert. So entstand in verhältnismäßig kurzer Zeit der Cornberger Sandstein. Dieser feinkörnige, beigebraune bis graue Sandstein weist durch Oxide von Mangan und Eisen oft eine Bänderung und Maserung mit z. T. ringförmigen Strukturen auf. Dies wurde für die Verwendung beim Bau, zu Dekorationszwecken und von Bildhauern sehr geschätzt. Das Vorkommen hat eine durchschnittliche Mächtigkeit von 15 – 18 m und ist regional sehr eng begrenzt.

Beim Abbau wurden immer wieder Spuren gefunden, die Vorläufern der Saurier zugeordnet werden konnten. Knochenfunde bei Korbach erlaubten eine Rekonstruktion.

Saurierspuren im Sandstein

Mehr zur Rekonstruktion unten in diesem Kap.

Im Sandstein finden sich öfters Kluftfüllungen oder Drusen von Baryt (Schwerspat), die auf spätere vulkanische Ereignisse zurückzuführen sind, zeitweilig auch abgebaut wurden.

Der auf das Rotliegende folgende Zechstein beginnt hier mit einem schwarzgrauen blätterigen Sediment, dem Kupferschiefer. Im ingredierten Meer gab es isolierte Becken, in denen recht stabile O_2-Schichtungsverhältnisse herrschten. Unter den oberflächennahen sauerstoffreichen Bereichen lag am Grund eine sauerstoffarme Zone, in der sich Faulschlämme ablagerten. Absinkendes organisches Material, gelöste Mineralstoffe und Salze wurden eingelagert. Da kaum abbauende Bakterien vorhanden waren, blieben hier Fossilien in großer Zahl und hervorragendem Zustand erhalten. Dazu kommen neben anderen Metallen Kupfer und Kupferverbindungen, die als Malachit und Azurit schöne Farbkontraste bilden und bei Sammlern entsprechend beliebt sind.

Ein metallreiches Sediment: der Kupferschiefer

Eisen- und Manganoxide bilden farbenfrohe Strukturen im Cornberger Sandstein. Foto: Gemeinde Cornberg

Durch die später überlagernden Sedimente wurden die Schlämme extrem komprimiert. Damit wurden die Schichten so weit zusammengepresst, dass jeder mm Dicke einen Zeitraum von vielen tausend Jahren repräsentiert. Die Sandsteine darunter haben ihre Gesamtmächtigkeit von vielen Metern in einem solchen Zeitraum bereits erlangt. Schichtdicke hat also nichts damit zu tun, wie viel Zeit für die Ablagerung gebraucht wurde, sie kann wie hier auch nachträglich Veränderungen unterliegen.

Malachit (grün) und Azurit (blau) aus dem den Kupferschiefer unterlagernden Sandstein; ca. 4 cm Durchmesser

Der Kupfergehalt dieser Schiefer beträgt bis zu 3 %. Der Abbau war wegen der geringen Mächtigkeit hier jedoch nicht lohnend, sehr wohl aber im nahen Richelsdorfer Gebirge. Aus dem dort gewonnenen Kupfer wurden u. a. 9 t für den Bau des Kasseler Herkules verwandt.

Über dem Schiefer folgen Zechsteinkalke mit Gipseinlagerungen. Die Kalke bieten gleich zwei neue Definitionen für den Begriff Zechstein: Statt von aus der Zeche gewonnenem Gestein wird hier von Material für den Bau der Zechengebäude gesprochen. Da die harten Kalke den Zugang zum Kupferschiefer sehr erschweren, nannte man ihn aber auch den „zähen Stein".

Zu den beeindruckenden Schaustücken zählen sicher eine Saurierfährtenplatte und die im Museum dazu ausgestellten Rekonstruktionen.

Zur Erinnerung: Nach der ariden Abtragungsphase im Rotliegenden folgte gegen dessen Ende und im anschließenden Zechstein eine marine Ingression. Dabei wechselten sich Hebungen und Senkungen ab, Inseln oder Festlandsbereiche

Auf dem weitläufigen Gelände werden in großem Umfang Informationen zum **Lebensraum Steinbruch** geboten. Gerade die Steilwände bieten zum einen in Klüften, Spalten und Höhlen sehr gute Refugien und Schutz, zum anderen sind die sonnenexponierten Lagen bei wärmeliebenden Tieren und Pflanzen sehr beliebt.
Neben Uhus, Schlangen, anderen Reptilien und vielen Insekten bieten solche Plätze auch oft Amphibien einen Lebensraum. Meist sind kleine Teiche, Tümpel oder Seen vorhanden. So auch hier, wo der Glockenteich und der Steinbruchsee, beide durch die romantisch anmutende Drachenschlucht miteinander verbunden, sich Fröschen oder auch den Geburtshelferkröten anbieten. Weidenröschen, Johanniskraut oder Natternkopf erfreuen je nach Jahreszeit ebenso den Besucher.
Als Problem kann die Gehölzsukzession allerdings auch angesehen werden, denn die zunehmende Verbuschung überdeckt immer mehr den eigentlichen Steinbruch. Eingriffe lassen sich aber nicht immer mit dem Artenschutz vereinbaren. Hier bemüht sich die Gemeinde mit den entsprechenden Naturschutzinstitutionen und -organisationen um adäquate Lösungen.

Ehemaliger Steinbruch und Kloster Cornberg

blieben aber stets vorhanden. Die Hochgebirge waren zu Mittelgebirgen abgetragen, in den Meeresbecken wechselte die Salinität ständig.

Abb. zur Paläogeographie des Perms s. Seite 16

Auf dem Land hatten sich seit dem Karbon bereits Pflanzen entwickelt, die sich nicht mehr durch Sporen, wie z. B. Farne, fortpflanzten, sondern auch Formen wie Samenfarne und echte Gymnospermen (Nacktsamer), Nadelgehölze waren vorherrschend. Die bisher dominierenden Landwirbeltiere, die Amphibien, bekamen durch die sich ausbreitenden Reptilien Konkurrenz. Deren Entwicklung hatte bereits im Devon begonnen, ihre große Zeit der Radiation des Stammbaums lag im Karbon und Perm, die Blütezeit erfolgte mit den Dinosauriern im Jura und in der Kreide. Somit tummelten sich im oberen Perm hier sehr frühe Vorläufer der Dinosaurier (und anderer Wirbeltiere einschließlich der Vögel und Säugetiere), noch älter als die bei Eiterfeld oder Lauterbach im Vogelsberg nachgewiesenen. Hinsichtlich der Größe erreichten die permischen Landbewohner noch nicht annähernd spätere Dimensionen: maximal 2 m Körperlänge wurden erreicht.

Die Entwicklung der Saurier

Saurierfährtenplatte. Foto: Gemeinde Cornberg

Verursacher der Spuren im Sandstein

Für die im Steinbruch gefundenen Spuren kommen verschiedene Verursacher infrage. Sie stammen aus den Bereichen der Amphibien, der Reptilien oder auch bereits säugerähnlicher Reptilien. Fährten aus allen drei Gruppen wurden gefunden; die früher angenommene Artenzahl (17) wurde revidiert, da sich herausstellte, dass es sich um Spuren von Individuen unterschiedlichen Alters handeln muss. Zudem unterscheiden sie sich, je nachdem wo und wann ein Tier sie hinterließ. War der Untergrund nass und weich oder trocken und hart, lief das Tier auf ebener Fläche oder bergauf etc.?

> „Saurus" oder „Saurier" bedeutet einfach Echse, „dino" leitet sich aus dem Griechischen ab und heißt „schrecklich". Die Begriffe werden aber weithin missbraucht. Neben dem, was tatsächlich in diesen Entwicklungszweig der Evolution gehört, findet sich unter dem Namen allerlei, was ganz anderen systematischen Kategorien zuzuordnen ist. Der Unterscheidung dienen bei Fossilfunden vor allem Skelettmerkmale. Knochenstruktur oder Öffnungen am Schädel lassen die Zuordnung zu, auch wenn die äußere Körperform sehr ähnlich gewesen sein dürfte. Ein Beispiel: „Coelo" deutet auf Hohlräume, hier auf Hohlknochen hin, typisch für spätere Verwandte der Vögel, „apsid" steht für Öffnungen, nach denen Reptilien- und Amphibienschädel zu klassifizieren sind. Dazu gab es Übergangsformen. Der im Bereich Cornberg nachgewiesene Coelurosauravus war also eine mit (leichten) Hohlknochen ausgestattete Vogelechse (avus = lat. Vogel). Gemeint ist eine nicht aktiv, sondern gleitend fliegende kleine Echse, die mit Hohlknochen bereits ein vogeltypisches Körperbaumerkmal aufwies.

Rekonstruktion der Saurier-Anatomie

Skelettfunde gab es sowohl im Steinbruch als auch in der Nähe von Korbach. Vor Ort wurde im Kupferschiefer ein Reptil in einer derartigen Erhaltung gefunden, dass der Mageninhalt noch zu erkennen ist. Die Funde aus Korbach erlaubten die Rekonstruktion eines möglichen Verursachers der Fährten im Sandstein. Seine Nachbildung ist in einem Diorama im Museum zu bewundern.

Bei den Rekonstruktionen sowohl des Sauriervorläufers aus Cornberg bzw. Korbach als auch des Chirotheriums aus dem mittleren Buntsandstein fällt ein Merkmal auf. In beiden Fällen wurde anhand von Knochenfunden gearbeitet. Für das Eiterfelder Chirotherium stand der Schweizer Fund eines eng verwandten Ticinosaurus (nach dem Kanton Tessin, ital. Ticino) Pate. Beiden gemeinsam ist, dass die Extremitäten schon relativ weit unter den Körper gezogen sind. Frühe wie heutige Reptilien haben einen Schulter- und Beckengürtel, an dem die Extremitäten fast rechtwinklig nach außen abstehen. Typisch ausgeprägt ist dies etwa bei den Krokodilen. Die Füße werden beim Laufen

Ehemaliger Steinbruch und Kloster Cornberg

Diorama im Sandstein-Museum. Foto: Gemeinde Cornberg

neben dem Körper aufgesetzt. Trotzdem erreichen viele Reptilien, Krokodile wie Eidechsen oder Echsen, zumindest auf kurzen Strecken, sehr hohe Geschwindigkeiten. Die unter den Körper gezogenen Beine sind als Anpassung an langes, dauerndes Laufen auf Land anzusehen. Das Merkmal ist typisch für spätere Säuger, in gewissem Umfang auch für partiell bipede Saurier. Umso erstaunlicher ist die Ausprägung des Merkmals bereits bei den permischen Vorläufern der Saurier und Säuger. Da von einer längeren Entwicklungszeit bis zu diesem Stadium auszugehen ist, wird der Stammbaum in Sachen Evolution von solchen Erkenntnissen her Verschiebungen nach hinten erfahren.

biped: zweibeinig, vorwiegend/ oft auf den Hinterextremitäten laufend

Über die geographischen Verbreitungsmuster wird schon seit den 20er Jahren des vorigen Jahrhundert nachgedacht, weil vergleichbare Fährten in heute weit voneinander entfernten Teilen der Welt gefunden wurden: USA (Grand Canyon), Russland, Schottland, Südafrika. Wenn auch bereits etwa 1912 postuliert, wurde Alfred Wegeners Theorie zur Kontinentalverschiebung erst in den 1920ern halbwegs bekannt und setzte sich noch viel später erst durch.

Saurierspuren finden sich übrigens auch an anderen Stellen auf dem Gelände. Vor dem Info-Zentrum, in welchem sich auch das Mineralien-Schaudepot befindet, sollte man sein Augen-

Mineralienausstellung im Info-Zentrum

Interessante Lokalitäten – Museen, Ausstellungen und andere spannende Plätze

Es gibt weitere Saurierspuren zu entdecken

merk auf das Sandsteinpflaster richten. Dort gibt es einiges zu entdecken...

Die meisten Funde in Cornberg stammen aus der Zeit ab 1928. Der Bergbaubetrieb erfolgte über einen Zeitraum von gut 700 Jahren. Erst 1995 wurde er eingestellt. Spuren dieser Tätigkeit finden sich überall im Steinbruch.

Das Museum hält für die Besucher eine Vielzahl von Informationsmaterialien, auch zur Geschichte des Klosters und des Ortes, bereit. Die ausgezeichnete Gastronomie und Hotellerie laden zu längerem Verweilen ein, Tagungs- und Seminarräume ergänzen das Angebot.

Kloster Cornberg

1230 wurde das etwa 1 km entfernte Benediktinerinnen-Kloster Bubenbach urkundlich erwähnt. Von 1292 – 1296 wurde es in die günstigere heutige Lage verlegt. Dabei war auch von Bedeutung, dass der Sandstein hier vorhanden und gut abbaubar war und ein teurer und – damals noch wichtiger! – langer Transport entfiel.
1526 wurde es von Philipp dem Großmütigen im Zuge der Reformation aufgelöst. Von da an wechselten Besitzer und Nutzung, bis es ab 1831 staatliche Domäne wurde. Ab 1958 wurden die meisten Gebäude im Zuge des Baus der B 27 abgerissen, nur das Klostergeviert blieb erhalten. Die ungenutzten Klostergebäude verfielen. Nach dem Einsturz des Ostflügel-Daches 1974 begannen erste Erhaltungsmaßnahmen, dann folgte eine Nutzung als Kunststation. Ab 1989 wurde der Komplex mit Landes- und EU-Mitteln grundlegend saniert. Damit entstand ein Kulturzentrum mit dem Museum, den Ausstellungen, einer überregional viel beachteten Gastronomie und vielen kulturellen Veranstaltungen.

Kalisalz in Form riesiger Kristalle. Foto: K+S AG, Kassel

Schaubergwerk Merkers

Orientiert man sich nun nach Südosten, gelangt man wieder in eine Region, in der an der Oberfläche (unterer) Buntsandstein dominiert. Nahe Bad Salzungen bietet sich jedoch die Möglichkeit, Kalisalze „hautnah" zu erleben und die Welt des „Weißen Goldes" zu erkunden. Das 1991 eröffnete Erlebnisbergwerk Merkers ermöglicht die Fahrt in 500 m Tiefe, zeigt dort die Stein- und Kalisalzgewinnung früher und heute. Die Schönheit der Minerale erschließt sich in der 1980 entdeckten Kristallgrotte.

Dort finden sich Kristallgruppen und -formationen von außergewöhnlicher Größe und Schönheit; durch die gezielt eingesetzten Licht- und Farbinszenierungen wird dies noch beeindruckender.

Ein historischer „Goldraum" beherbergte den legendären Reichsbank-Schatz. Im kathedralenartigen Großbunker herrschen akustische Verhältnisse, die Konzerte zu einmaligen Erlebnissen machen. Unter dem Bunker ist hier keine militärische Anlage zu verstehen, es handelte sich um einen beräumten (=abgebauten) Bereich, in dem die vor Ort gewonnenen Salze für den Transport an die Oberfläche zwischengelagert, eben gebunkert, wurden.

Für Veranstaltungen stehen hier unter Tage Räumlichkeiten für bis zu 850 Personen zur Verfügung. Auch kleinere Räumlichkeiten werden angeboten, natürlich ist auch für das leibliche Wohl gesorgt.

Konzert im sog. Großbunker. Foto: K+S AG, Kassel

Keltendorf bei Sünna

Zwischen Buttlar und Vacha zweigt eine Straße nach Sünna von der B 84 ab, das Keltendorf zwischen dem Öchsen- und dem Dietrichsberg (nicht zu verwechseln mit dem Dietgesstein bei Spahl oder dem Dietrichsberg bei Tann) ist ausgeschildert.

Zunächst wurde hier ein Hotel betrieben, in dem keltische Kost und entsprechende kulturelle Veranstaltungen angeboten wurden. Hintergrund waren die etwa 2500 Jahre alten Funde aus der Umgebung. Die Idee kam so gut an, dass aus den keltischen Gerichten, Festen, Tänzen und der Musik in Zusammenarbeit mit vielen örtlichen Vereinen und EU-Mitteln das Keltendorf entstand.

Seit der Eröffnung im August 2006 steht den Besuchern die Möglichkeit zur Verfügung, zu essen, trinken, schlafen, arbeiten

Interessante Lokalitäten – Museen, Ausstellungen und andere spannende Plätze

Nachbauten im Keltendorf Sünna

und feiern wie zur Keltenzeit. Kräuter, Feld- und Wildfrüchte oder auch Baumaterialien und -weisen stehen auf dem Programm. Klar, dass hierzu neben Holz, z. B. für den Bogenbau, auch Kalkstein und Basalt gehören. Auch eine Schmiede mit der Befeuerungs- und Bearbeitungstechnik der Zeit wird gezeigt, ein Backofen fehlt ebenso wenig. All das kann im Dorf und auch auf (geführten) Wanderungen näher erkundet werden.

Point alpha

Nicht weit ist es von Sünna aus zu einem anderen historischen Ort. Bereits genannt wurde das Landschaftsinformationszentrum (LIZ) in Rasdorf östlich von Hünfeld. Darüber hinaus befindet sich etwa 2 km östlich des Ortes der ehemalige amerikanische „Observation Point alpha". Dort, unmittelbar an der ehemaligen Zonengrenze, ist heute eine Mahn- und Gedenkstätte eingerichtet. Gezeigt werden Fakten und Exponate zur früheren Grenze. Alte Befestigungsanlagen im Original, Militärfahrzeuge, Dioramen und Dokumente bringen dem Besucher die Zeiten des kalten Krieges nahe.

Haus auf der Grenze

Das Gelände umfasst das „Haus auf der Grenze", in dem ein Teil der Ausstellung präsentiert wird. Darüber hinaus sind aktuelle, ständig wechselnde Ausstellungen und Informationen zum Biosphärenreservat und dem „Grünen Band" zu sehen.

Auf einem etwa 600 m langen Streifen schließen sich Grenzbefestigungsanlagen aus verschiedenen Epochen an, bis das ehemalige amerikanische Camp erreicht ist. Die Besucherzahlen von mehr als 80 000 pro Jahr verdeutlichen die Bedeutung und das Interesse an dieser Gedenkstätte.

Das Grüne Band

Dieser Konfrontation haben wir allerdings heute das „Grüne Band" zu verdanken, einen Streifen von 1393 km Länge, der als absolutes Sperrgebiet freigehalten und nicht bewirtschaftet wurde. Hier konnten sich seltene Pflanzen und Tiere relativ ungestört entwickeln. Führungen auch zu dieser Thematik werden von Point alpha aus angeboten. Ein weiterer Lehrpfad zu dem komplexen, länderübergreifenden Thema „Ausbreitung und Wiederansiedelung der Wildkatze" wird derzeit konzipiert, da die Region im Bereich möglicher bzw. wahrscheinlicher Wanderkorridore dieser stark bedrohten Spezies liegt.

Stadt- und Kreisgeschichtliches Museum Hünfeld

Auf dem weiteren Weg nach Süden bieten sich zusätzliche Stopps an. Einer der Ausgangspunkte für die Erkundung des Hessischen Kegelspiels, aber auch der Hochrhön, ist Hünfeld. Dort befindet sich das Stadt- und Kreisgeschichtliche Museum, in dem neben der regionalen Kulturgeschichte auch die Vor- und Frühgeschichte und die Entwicklung der Landschaft gebührende Beachtung finden. Der Besuch in dem historischen Gebäude lohnt daher auf jeden Fall.

Alter Wachtturm an der einstigen innerdeutschen Grenze

Eine eigene Ausstellung ist hier einem gewissen Herrn Konrad Zuse gewidmet, dem Erfinder des Computers, der hier in Hünfeld schuf und wirkte. Angesichts moderner Geo-Informations-Systeme, die auch auf Laptops im Gelände einsetzbar sind, erscheinen die gezeigten Urmodelle von Computern irgendwie schon wie Fossilien...

Vonderau-Museum Fulda

Ebenfalls hohe Besucherzahlen kann das Vonderau-Museum in Fulda verzeichnen. Dort werden alle historischen und kulturellen Aspekte berücksichtigt. Neben Ausstellungen zu moderner Kunst, der wirtschaftlichen Entwicklung des Fuldaer Raumes und der Kulturgeschichte werden auch die Vor-, Früh- und Erdgeschichte dargestellt.

Das Museum hat viel zu bieten

Zentral am alten Universitätsplatz mitten in der Innenstadt gelegen, locken lange Öffnungszeiten und sehr moderate Eintrittspreise. Qualifizierte Führungen und Sonderausstellungen ergänzen das Angebot, über das man sich am besten aktuell im Internet oder per Telefon informiert.

Das Museum zeigt auch Stücke aus der Sammlung von H. Schubert († 2004), der seit 1980 die Halden des Bergbaus in Sieblos bearbeit hat. Der Hauptteil dieser Exponate ist aber im Sieblos-Museum in Poppenhausen zu bewundern.

Fossilfundstätte Sieblos und das Sieblos-Museum Poppenhausen

Von Fulda aus ist es über die B 458 nicht weit nach Poppenhausen, wo sich im Tiefparterre des Rathauses das Sieblos-Museum befindet. Der Fundort wurde bereits bei unserem Streifzug über die Wasserkuppe erwähnt, auch der Bergbau dort. Hier werden nun viele der Fundstücke ausgestellt und mit historischen Daten und Fakten verknüpft.

Obwohl tertiäre Sedimente im Bereich der Hochrhön an verschiedenen Stellen auftreten, gibt es nur in der Nähe von Sieblos Funde von fossilführenden Sedimenten. Ähnliche Biotope mag es in der Region noch mehr gegeben haben, doch sind sie wohl von den späteren vulkanischen Gesteinen – seien es Laven, Tuffe oder andere Klastite – überdeckt worden oder auch der späteren Erosion zum Opfer gefallen.

Fossilreiche tertiäre Seeablagerungen

Bei den Sedimenten handelt es sich um Ablagerungen eines ehemaligen Sees. Im Vergleich zu den berühmten Funden der Ölschiefergrube in Messel bei Darmstadt sind die Funde aus Sieblos dem unteren Oligozän vor etwa 35 Mio. Jahren zuzuordnen, die Ablagerungen aus Messel gehören in das untere Eozän, sind also grob gesagt rund 15 Mio. Jahre älter. Dies macht sich in der vertretenen Fauna und Flora kaum bemerkbar. Auch im Oligozän herrschten noch subtropische Bedingungen, Palmen wuchsen z. B. noch in Südengland.

Braunkohle und bituminöse Ablagerungen

Auf einer Fläche von ca. 20 ha waren hier bei Sieblos tertiäre kohleführende Sedimente vorhanden, ihre Mächtigkeit wurde auf bis zu 50 m geschätzt. Anhand der Fossilfunde wird eine Datierung ebenfalls in das untere Oligozän vorgenommen. Beim Abbau wurden in den tonigen und sandigen Wechselfolgen Ablagerungen vorgefunden, für die Begriffe wie
- bituminöser schwarzer Schiefer
- Papierschiefer, Teerschiefer, Dysodil
- Bituminöse Blätterkohle
- Pech-, Schwefel-, Papier-, Schiefer-, Glanz- und Braunkohle

benutzt wurden. Sieht man Stücke davon, wird jeder der Begriffe nachvollziehbar. Die Struktur ist als schieferig-blätterig zu bezeichnen, der Gehalt an organischer Substanz schwankt in Menge und Konsistenz. Teer und Bitumen deuten schon darauf hin, dass das Material kaum als Brennstoff taugte, sondern zur Herstellung von Teerölen und dessen Destillaten genutzt wurde.

Blickt man heute über das Gelände, sind noch überwucherte Halden, die Stollenmundlöcher aber nicht mehr zu erkennen, Schächte und Stollen sind eingestürzt oder verfüllt. Die Teeröldestillation ist heute nicht mehr vorhanden. Da sich das Gelände kaum von einer normalen Waldwiese unterscheidet, ist sicherlich der Besuch im Museum sinnvoller; ein Wanderweg, benannt nach dem Bearbeiter der hiesigen Fossilfunde Hugo Schubert, führt von Poppenhausen dorthin.

Die heutige Situation

Wurden die ersten Fossilfunde bereits 1858 gemeldet, sind heute nur noch die alten Halden zugänglich, dies aber nur für wissenschaftliche Untersuchungen und mit Genehmigung! Die ehemalige Grube ist seit 1993 als Bodendenkmal geschützt.

Bis 1994 waren rund 110 (!) verschiedene Tier- und Pflanzenarten bestimmt worden. Dabei reicht das Spektrum von Algen über Farne, Nackt- und Bedecktsamer, Insekten, Schnecken, Fische, Amphibien, Reptilien bis zu Vögeln und Säugetieren. Unter den Funden sind auch Formen von Ulmen, Kiefern, Haseln oder Schnaken und Stechmücken, die mit ähnlichen Arten immer noch hierzulande vertreten sind. Warane, Krokodile oder Hirschferkel muten ebenso exotisch an, wie Tupelobaum- oder Seifenbaumgewächse. Zu den häufigeren Fischen zählten barschartige, vor allem *Dapaloides sieblosensis*. Die Barschartigen zählen heute zu den artenreichsten Familien der Fische

Die Fundstätte offenbart die ökologische Vielfalt des Oligozäns

Stammt ein guter Teil der Exponate auch schon aus der Sammlung des Apothekers und Amateurpaläontologen E. Hassenkamp aus Weyhers aus seiner Sammlungstätigkeit seit 1858, stellte dieser doch viel Material der Universität Würzburg zur Ver-

Ein oligozäner Fisch in einzigartiger Erhaltung: Dapaloides sieblosensis

fügung. Teile der späteren Funde ab 1980 von H. Schubert sind im Vonderau-Museum, Fulda, zu sehen, bilden ansonsten aber den Grundstock der Sammlung hier in Poppenhausen.

Das Konzept der Ausstellung ist auf die kleinstückigen Exponate zugeschnitten und sehr genau durchdacht. Die meisten Funde sind kleiner als 10 cm, vielfach handelt es sich auch um Mikrofossilien. Daher sind neben Binokularen an vielen Vitrinen auch geeignete Handlupen vorhanden. Gezeigt werden kann nur ein Teil der vorhandenen Stücke, wobei aber ein repräsentativer Querschnitt durch Flora und Fauna angestrebt wurde.

Verschiedene Präparationstechniken für die unterschiedlichen Sedimente und Tier- und Pflanzenarten werden vorgestellt und anhand von Fotos und Exponaten dokumentiert. Doch auch die Entstehung der Fossilien selbst, sei es in Faulschlämmen, durch anaerobe Zersetzung oder Inkohlung, wird gezeigt.

Natürlich darf auch die Geschichte des Bergbaus nicht fehlen. Von den ersten Probeschürfen auf Kaolin (Ton für die Porzellanherstellung) über die Anfänge des Braunkohlebergbaus und dessen wechselvolle Geschichte sind 170 Jahre Bergbaugeschichte dargestellt. Auch Fragen, was z. B. denn um 1895 unter „Solaröl" zu verstehen war, lassen sich hier beantworten.

Aus Braunkohle wurde Teer gewonnen, der destilliert und der dabei fraktionierte Petroleumersatz, das **Solaröl**, für Beleuchtungszwecke genutzt wurde – nicht ganz so ökologisch, wie es sich anhört. Die Teeröle enthalten Benzolverbindungen, polyzyklische Aromaten und andere krebsverdächtige Substanzen und der Energieeinsatz zur Gewinnung war unverhältnismäßig hoch. Der Prozess entspricht in etwa dem, was in einer alten Kokerei ablief, in der dann auch Gas zur Straßenbeleuchtung gewonnen wurde. Obwohl das Anilin ($C_5H_6NH_2$) schon 1826 von O. Unverdorben entdeckt worden war, steckte die Anilinchemie als späterer Hauptabnehmer für Teeröle noch in den Kinderschuhen.

Naturkundemuseum und Museumsdorf Tann

Ausstellung „Steinreich" s. Seite 85

Naturkundemuseum

Als für die geologisch orientierten Besucher sehr sehenswert wurde bereits das „Steinreich" in Tann erwähnt. Darüber hinaus sollen hier das Naturkundemuseum und das historische Museumsdorf erwähnt werden. Direkt im alten Ortskern, gegenüber dem Rathaus (mit Tourist-Infocenter), befindet sich das Naturkundemuseum der Stadt. Hier finden sich ausgezeichnet gearbeitete Dioramen aus den Bereichen Frühge-

Naturkundemuseum und Museumsdorf Tann

schichte und Natur, eine eigene Ausstellung zum Thema Wald ist derzeit in Vorbereitung.

Im Keller des Gebäudes befindet sich eine weitere Attraktion. Die alten Gewölbe wurden mit künstlerischen Installationen aus farbigen Sanden, Steinen und Naturprodukten wie Samen usw. ausgestaltet. Die indirekte oder hinter den Bildern angebrachte Beleuchtung sorgt für eine eigene Atmosphäre in den spätmittelalterlichen Gewölben – unbedingt empfehlenswert.

Nur wenige Meter entfernt liegt das Museumsdorf, in dem alte Gebäude aus der Umgebung, die Stück für Stück ab- und hier wieder aufgebaut wurden, ein bestehendes Ensemble ergänzen. Nicht nur, dass die alten Gebäude originalgetreu wieder aufgebaut wurden, auch die Inneneinrichtung mit Mobiliar, Werkstätten oder Stallungen wird gezeigt.

Museumsdorf

Das Rathaus, das Naturkundemuseum, das Museumsdorf, das Steinreich sowie Parkplätze und Bushaltestelle liegen hier jeweils nicht einmal 100 m auseinander! Zudem startet auch der Wanderweg zum vorher schon erwähnten Habelberg hier, Orts- und Wanderpläne gibt es natürlich im Informationszentrum im Rathaus. Bequemer geht's nicht, schöner wohl auch kaum.

Habelberg s. Seite 86

An dieser Stelle wollen wir unseren kleinen Exkurs beenden, es konnten nur einige wenige Anregungen für Besuche gegeben werden. Ein Vielfaches an Möglichkeiten steht zur Verfügung, muss hier aber dem Entdeckergeist des Lesers anheim gestellt werden.

Das Museumsdorf Tann

Die basaltische Abfolge – oder warum der Nephelintephrit so heißt und nicht Analcimbasanit

Im Verlaufe unserer Streifzüge durch die Rhön sind wir einer Anzahl von vulkanischen Gesteinen mit teilweise recht seltsamen Bezeichnungen begegnet. Hier soll nun etwas Licht ins Dunkel der dunklen Gesteine gebracht werden.

Hierzu wollen wir uns die beiden in der Überschrift genannten Gesteine einmal etwas näher ansehen. Was unterscheidet sie außer dem offenkundig differierenden Namen? Im Handstück sind sie nicht voneinander zu unterscheiden, auch eine Abgrenzung zu dem, was gemeinhin Basalt genannt wird, ist nicht möglich. Selbst Phonolithe sehen fast genauso aus, auch sie sind nur in günstigen Fällen im frischen Bruch als solche identifizierbar. Was nun?

Vorgänge während der Abkühlung des Magmas

Aufsteigendes Magma ist keine homogene Masse und auch nicht „am Stück" erkaltet. Differentiation bedeutet das Ausfällen einzelner Komponenten in einer bestimmten Reihenfolge, aber auch beim Aufstieg gab es schon Unterschiede: aus welcher Tiefe kam das Magma, was brachte es mit nach oben und welche anderen Gesteinsschichten durchdrang es? Hieraus resultiert die Zusammensetzung, dazu auch die Temperatur und damit Abfolge in der Abkühlungsphase. Erreichte das Magma die Oberfläche, war es womöglich gasreich und kam dann auch noch mit Wasser in Kontakt? Wenn heiße, gasreiche Lava auf Grundwasser trifft, kommt es zu einer explosi-

---

Waren im Kegelspiel noch viele Lavadome unter der Oberfläche stecken geblieben und erst nachträglich freigewittert, sind die **Anzeichen für heftigere Ausbrüche** häufiger, wenn man weiter in die höhere Rhön hinaufkommt. Auch an einigen Lokalitäten der Kuppenrhön wie am Dachberg, wo Phonolithtuff älteren Basalt durchschlug, dürfte der Ausbruch erhebliche Wucht gehabt haben.

Berühmt ist der Phreatomagmatismus des plinianischen Typs: Plinius d. Ä. beschrieb ausführlich den Ausbruch des Vesuvs im Jahre 79 n. Chr., der Pompeji und Herculaneum zerstörte. Diskussionen zum Ausmaß von Vulkanausbrüchen sind wohl eher philosophischer Natur. Deckenbasalte, die sich aus dünnflüssiger Lava bilden, können wie die Dekkan-Trapps in Indien eine Ausdehnung von über 100 000 km² (!) erreichen. Die Austrittsstellen des Magmas bzw. der Lava sind nicht so spektakulär wie die berühmten Kegel des Kilimandjaro, des Mauna Kea oder des Krakatau. Die Zerstörungskraft der schnell fließenden und sich großflächig ausbreitenden Lava war auf jeden Fall ungleich höher.

onsartigen Ausdehnung und die denkbar dramatischsten Ausbrüche. Phreatomagmatismus ist der entsprechende Fachbegriff und für die Rhön ist nicht auszuschließen, dass solche Eruptionen auch stattgefunden haben.

Hornblendeführender Analcimbasanit; ca. 12 cm, die Hornblendekristalle sind bis zu 1 cm groß

Schon frühe Geologen und Mineralogen erkannten, dass diese meist grauen, feinkörnigen Gesteine keineswegs einheitlich aufgebaut sind. Zunächst hielt man sie noch für marine Bildungen, die wahre Natur wurde erst später deutlich. Nun versuchte man sich an der Klassifikation, verschiedene Verfahren kamen zum Einsatz. Daneben interessierte natürlich auch die Abfolge der Ablagerungen. Wo in dieser Abfolge tauchen unsere beiden Kandidaten auf?

Umseitige Tabelle zeigt nur die Abfolge der Gesteine aus den Bereichen der Kuppen- und der Hochrhön anhand ausgewählter Beispiele, ausdrücklich nicht eine Abfolge im Sinne einer zeitlichen Parallelisierung! Sie wurden zwar nacheinander oder z. T. wohl auch an den verschiedenen Orten zeitgleich abgelagert, differenziert wurde hier aber nur von alt nach jung und von quarzreich nach quarzarm, nicht aber vom Oberoligozän zum Miozän im Sinne einer „absoluten" Altersdatierung. Auch dürfen keine Rückschlüsse auf die Verbreitung der aufgeführten Gesteine gezogen werden.

In der Abfolge tauchen nun auch noch Nephelinbasanite zwischen den Nephelintephriten und den Analcimbasaniten auf. Versuchen wir zunächst, uns der Fragestellung über den Mineralbestand zu nähern.

Nun zeigt sich, dass der Hauptunterschied im Gehalt an Nephelin und Glimmer besteht. Die Definition für Basanite als Basalte oder Tephrite mit Foiden, also dunklen Mineralen und mehr als 10 % Olivin, ist in allen Fällen erfüllt.

Nephelintephrit und ein Analcimbasanit unterscheiden sich in ihrem Mineralgehalt offenbar durch eben Nephelin und Analcim, wobei beide Minerale Na-Al-Silikate darstellen, der Analcim aber noch Kristallwasser im Gitter eingebaut hat. Wie also kann man solchen Gesteinen systematisch auf die Spur kommen?

Mineralogischer Hauptunterschied

Die basaltische Abfolge

		Bl. Kleinsassen (1994) Hochrhön	Bl. Spahl (1909) Übergang	Bl. Hünfeld (1968) Randbereich Kuppenrhön	Bl. Eiterfeld (1967) Kuppenrhön	Bl. Geisa (1975) Kuppenrhön	Centralstock (1893) Hochrhön
jung	tendenziell quarzarm	Olivin-nephelinite, Basanite	Nephelin-basalte	Limburgite	Olivin-nephelinite	Olivin-nephelinite	Nephelin-basalte
		Nephelin-Phonolith					
		Alkali-Olivinbasalt (aoB3)		Nephelin-tephrite		Hornblende-basalt	Limburgite
		Alkali-Olivinbasalt (aoB2)			Nephelin-tephrite		
		Trachyte, z. T. mit syenitischen Magmenkammer-kumulaten	Nephelin-tephrite	Nephelin-basanite			
		Alkali-Olivinbasalt (aoB1), Trachybasalte	Nephelin-basanite			Analcim-basanit	Jüngere Plagioklas-basalte, Basanite
		(„Kristalltuffe")			Nephelin-basanite		
		Basanite (auch ankaramitisch), Tephrite, Hornblende-basalte	Magmabasalte ~Limburgite	Analcim-basanit			
		Tephrite, alkali-basaltische Tuffe	Jüngere Phonolithe			Nephelin-tephrite	Dolerite
		Basanite, Trachyandesite					
alt	tendenziell quarzreich	Phonotephrite	Feldspat-basalte, ältere Phonolithe	Olivinbasalt	Olivinbasalt	Alkali-Olivinbasalt	Ältere Plagioklas-basalte, Feldspat-basalte
		Trachyte, Trachyandesite					

Nicht nur die Kenntnisse über die Tektonik haben sich in den letzten 100 Jahren erweitert, auch auf dem technischen Sektor haben sich die Methoden der physikalischen und chemischen Analytik weiterentwickelt. Nach wie vor wird aber die Systematik nach Albert E. Streckeisen verwendet. Sie zeichnet sich durch die einfache Nachvollziehbarkeit und Logik aus, doch ist die Bestimmung des Mineralbestandes gerade bei sehr feinkörnigen und stark gesteinsglashaltigen Vulkaniten und damit die Zuordnung im Streckeisen-Diagramm nicht immer möglich.

Klassifikation nach Streckeisen

Streckeisen-Diagramm s. folgende Seite

Da die Grenzen keineswegs so eindeutig sind, wie in dem Diagramm dargestellt, sind die Übergänge zwischen den einzelnen Feldern eher fließend. Somit müssen wir nach einer anderen Möglichkeit zur Differenzierung suchen. Hierzu bietet sich das sogenannte TAS-Diagramm an.

Die Differenzierung auf dieser Basis erklärt auch, warum „neuerdings" Trachyte zum Gesteinsbestand der Rhön gezählt werden. Alte Definitionen dieses Gesteins gehen eher von Merkmalen aus, die sich auf das porphyrische Gefüge beziehen und den Mineralbestand (mit Ausnahme der Feldspäte) nicht in den Vordergrund stellen.

Klassifikation nach dem TAS-System

Die primitiven, differenzierten und auch ankaramitischen Basanite finden sich im linken unteren Bereich des TAS-Diagrammes, eben im Basanit-Feld (und randlich in den beiden angrenzenden Feldern). Die eigentlichen Tephrite finden sich sowohl im Basanit- als auch im Nephelinitbereich, die Phonolithtephrite reichen noch in den zentralen Teil, den rechten oberen Bereich mit den höchsten Silikat- und auch Alkali-Gehalten nehmen Trachyte und Phonolithe ein. Die eingetrage-

TAS-Diagramm s. Seite 114

Die basaltische Abfolge ausgewählter Bereiche der Kuppen- und Hochrhön. Ob es sich um kleinere Vorkommen handelt, die Verbreitung nur auf einzelne Schlote begrenzt oder aber großflächig deckenförmig ist, ist aus dieser Übersicht jedoch nicht zu entnehmen.

Sie spiegelt auch einen Erkenntnisfortschritt im Verlauf von mehr als 100 Jahren wieder. Die Veröffentlichung „Ueber den geologischen Bau des Centralstocks der Rhön" von H. PROESCHOLD von 1893 und die Erläuterungen zur geologischen Karte von Preußen und benachbarten Bundesstaaten Blatt Spahl von 1909 können neuere Erkenntnisse der Systematik und Klassifizierung naturgemäß nicht berücksichtigen. Besonders deutlich wird dies auf dem Kartenblatt Geisa: da bei der Neuaufnahme in den 70er Jahren des vergangenen Jahrhunderts der thüringische Teil nicht frei zugänglich war, wurde die Kartierung nach V. KOENEN von 1886 übernommen. Hier sei angemerkt, dass die Verbreitung der Gesteine sehr genau und nachvollziehbar eingetragen wurde, der Gesteinschemismus zutreffend beschrieben wurde, doch sind Erkenntnisse der modernen Geowissenschaften hier noch nicht eingeflossen.

Die basaltische Abfolge

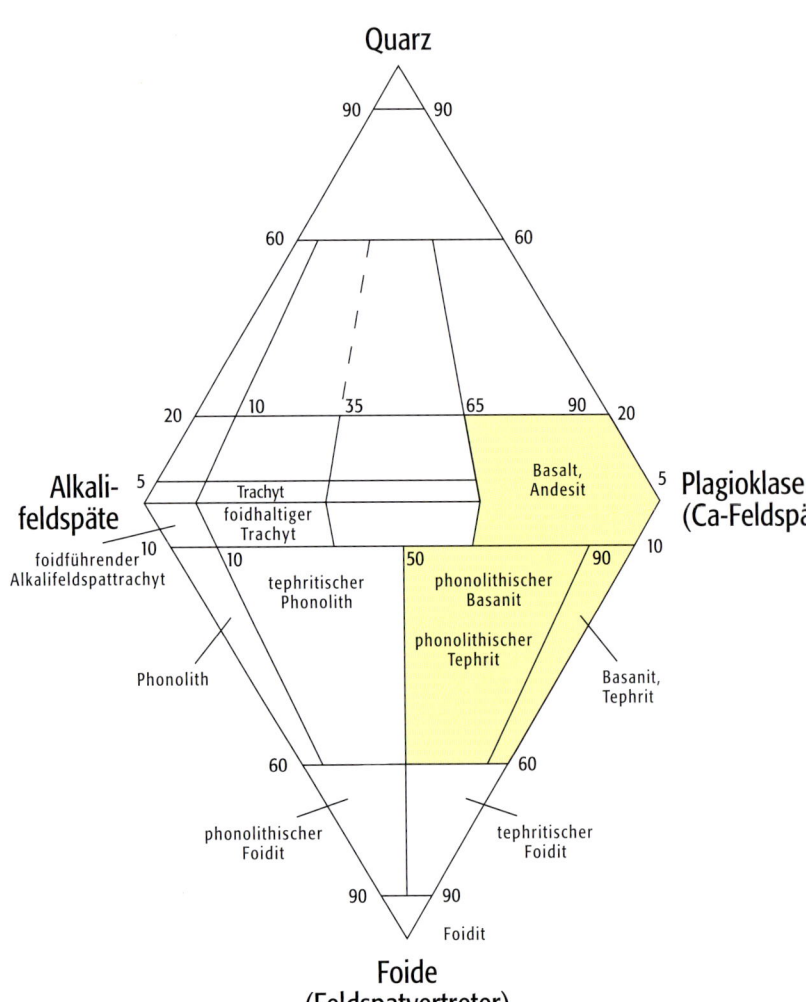

Streckeisen-Diagramm zur Klassifikation vulkanischer Gesteine. Diese Systematik basiert auf den Anteilen der Hauptkomponenten Quarz, Alkalifeldspäte, Plagioklase und Foide, daher wird diese Darstellung auch QAPF-Diagramm genannt. Die Bestandteile und deren Häufigkeit können i. d. R. unter dem Mikroskop identifiziert werden. Die Übergänge zwischen den Feldern sind natürlicherweise fließend(er als dargestellt). Die gelb hinterlegten Bereiche kennzeichnen die Zusammensetzung der für die Rhön typischen Gesteine.

> Üblicherweise sind **Trachyte** hell- bis mittelgrau, gelblich, bräunlich oder auch rötlich. Orthoklase sind der Hauptgemengteil, Plagioklase, Ägirin, Biotit, Apatit und Magnetit Nebengemengteile. Als Einsprenglinge treten Sanidine auf. Phonolith wird als spezielle Varietät des Trachyts angesehen, die neben den Feldspäten auch Feldspatvertreter, hier speziell Nephelin führt und eine kaum hellere Farbe als ein typischer Basalt aufweist. Das Gefüge ist oft erst mikroskopisch als porphyrisch zu erkennen. Daher fehlt die Bezeichnung Trachyt meist in der älteren Literatur.

nen Verteilungen lassen hier aber keine klare Unterscheidung zu, da Überschneidungen vorliegen.

So deuten sich mit dem TAS-Diagramm schon Unterscheidungsmöglichkeiten an, ohne letzten Aufschluss zu geben. Deutlicher wird jetzt aber die Abfolge, wie sie in der Tabelle am Anfang des Kapitels dargestellt ist: die Nephelinite, Basanite und die meisten Tephrite enthalten wenig Quarz und Alkalien, was im Umkehrschluss heißt, dass andere Minerale, nämlich die Mafite und Plagioklase, zunächst in diesen Gesteinen aus dem Magma ausgefällt wurden, sodass Quarz und Alkalien übrig geblieben sind.

Vergleicht man nun den Mineralbestand und die Lage im Streckeisendiagramm mit dieser Erkenntnis, zeigt sich eine sehr gute Übereinstimmung. Die Absonderung fand nach Streckeisen von unten nach oben (Foide –> Quarz) und von rechts nach links (Plagioklase –> Alkalifeldspäte) statt, die Minerale passen entsprechend dazu.

Die Absonderungsfolge

Was ist aber nun mit den Alkaliolivinbasalten 1-3, insgesamt mit der Abfolge auf Blatt Kleinsassen, die mit der auf den anderen Blättern nicht recht übereinstimmen mag? Zum einen lassen sich anhand dieser Kartenblätter Unterschiede zwischen der Kuppen- und der Hochrhön ablesen, zu anderen sind in der Hochrhön die aufeinanderfolgenden Phasen stärker differenziert.

Die Alkaliolivinbasalte 1-3 sind in verschiedenen Phasen nacheinander aufgestiegen, wobei sich die Zusammensetzung des Magmas nicht grundlegend, nur im Detail verändert hat. So bedeutet Abfolge nicht nur das zeitliche Nacheinander von Ereignissen, sondern auch die Differentiation der Magmen, die sich von basisch mit Mafiten und Plagioklasen zu quarz- und alkalireichen Varianten hin verändert haben, aber auch Schübe aus Magmenkammern, die nacheinander Material (fast) gleicher Zusammensetzung förderten.

Die basaltische Abfolge

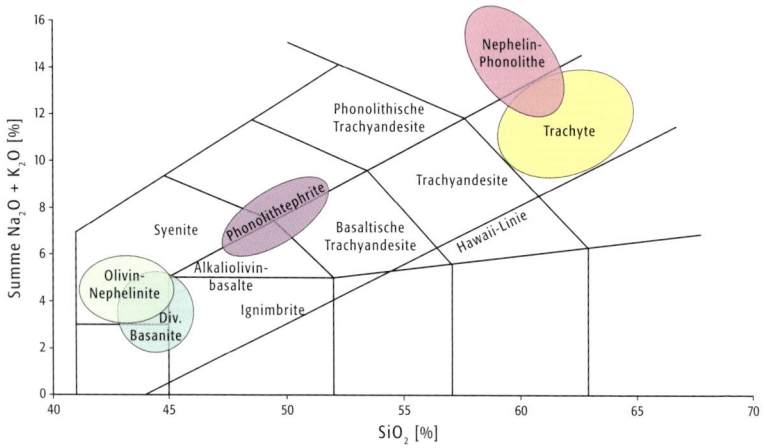

Das chemische und normative System TAS (Total Alkali vs. Silica, Gesamtalkali-SiO_2-Diagramm (LE BAS et al., 1986)) ist derzeit in Ergänzung zum Streckeisen-Diagramm in Gebrauch. In dem in 15 Felder aufgeteilten Diagramm werden die summarischen Gehalte an Na_2O und K_2O (= Total Alkali) gegen SiO_2 (= Silica) aufgetragen.
Die Grafik stellt in stark vereinfachter Form die Verteilung einiger wichtiger Vulkanite der Rhön dar.

Die Verarmung an Quarz führt zu einer Anreicherung von Feldspatvertretern wie z. B. Nephelin, der Quarz ist aber auch spezifisch leichter und somit bei der Differentiation in Form der Schweretrennung weiter oben in der Magmenkammer zu finden, womit sich erklärt, warum zunächst die tendenziell quarzreicheren Gesteine gefördert werden, bevor die schweren Magmen aus der Tiefe nach oben gelangen. Trotzdem kann aus einer Kammer „Nachschub" an leichterem Material folgen wie im Falle der Alkaliolivinbasalte 1-3.

Differenzierung nach Elementanteilen

Abb. hierzu s. Seite 116

Das Spektrum der technischen Möglichkeiten zur Bestimmung und zeitlichen Einordnung ist damit aber noch nicht ausgereizt. Die Analyse der Spurenelemente Zirkon (Zr), Niob (Nb), Yttrium (Y) und des Hauptelements Titan (Ti) liefert weitere Unterscheidungskriterien. Wird Zr/TiO_2 gegen Nb/Y aufgetragen, zeigen sich wie im TAS-Diagramm Differenzierungen der einzelnen Gesteine. Die Methode wurde 1977 von WINCHESTER & FLOYD beschrieben.

Die typischen Gesteine der Region konzentrieren sich auf einen relativ kleinen Bereich innerhalb des Diagramms. Auch hier zeigen sich wieder Überschneidungen zwischen den Gesteinstypen (besonders im linken unteren Teil des Diagrammes). Trotz des höheren analytischen Aufwandes ist die Methode hier nicht zur klaren Unterscheidung heranzuziehen, sehr wohl aber bei den Trachyten und Phonolithen im rechten oberen Teil. Sie ließen sich im TAS-Diagramm noch nicht eindeutig auseinanderdividieren. So hat auch diese Methode ihre Berechtigung.

Wir haben nun schon einige von zahlreichen Verfahren angewandt, die uns Hinweise zur Genese unserer Nephelintephrite und Analcimbasanite hätten geben können. Dennoch wissen wir immer noch nicht wirklich viel über diese Gesteine. Moderne Analysenmethoden erlauben eine weitere Differenzierung z. B. anhand der Seltenen Erden-Elemente. Helfen diese und andere Spurenelemente also weiter?

Ihre Verteilung sagt zumindest über die Genese etwas aus. Bei der Fraktionierung und Differentiation fallen einige Bestandteile der Schmelze heraus, dementsprechend reichern sich andere an. SiO_2 und Alkalien nehmen also im Laufe des Prozesses zu, MgO, FeO oder TiO_2 ab. Mit der Ausfällung der Magnesium- und Eisenverbindungen sinkt der Mg-Wert der Restschmelze, sie wird durch die Anreicherung der Silikate „saurer". Parallel dazu nehmen Spuren- und Seltene Erden-Elemente ebenfalls zu oder ab. So werden höhere Gehalte an Niob oder Zirkon in den sauren, jungen Gesteinen verstärkt nachweisbar.

Fraktionierung und Differentiation des Magmas

Darüber hinaus gibt es zahlreiche andere Indices, die zur Differenzierung der Vulkanite herangezogen werden. So weist der hohe Differentiationsindex, auch D.I.-Wert genannt, beim Phonolith darauf hin, dass dieses Gestein gegenüber den Basaniten, Tephriten und Nepheliniten spät aus dem Magma abgesondert wurde. Umgekehrt weist sein geringer Mg-Wert, in den die Magnesium- und Eisengehalte eingehen, auf die späte Ausscheidung im Hinblick auf die Differentiation (nicht unbedingt auf die zeitliche Abfolge) hin.

Andere Maßzahlen, die sich aus der Elementzusammensetzung ergeben, weisen bei den wenig differenzierten Gesteinen wie Olivin-Nephelinit oder den primitiven Basaniten darauf hin, dass hier peridotisches Material in Form von Xenolithen resorbiert wurde. Die Schmelze hat also Gesteinsteile aufgenommen, die dem Erdmantel zugeordnet werden können. Damit kann auf die Herkunft aus größerer Tiefe geschlossen werden.

Hinweise auf die Herkunft aus großer Tiefe

Die basaltische Abfolge

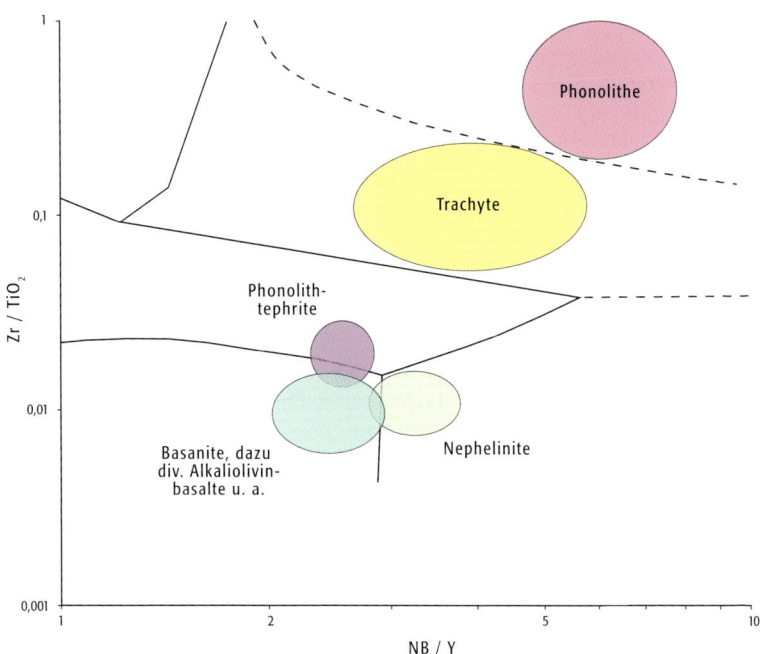

Einteilung der auf dem Blatt Kleinsassen vertretenen Vulkanite nach WINCHESTER & FLOYD (1977).

Sie deuten weiterhin auf einen schwächeren Aufschmelzungsgrad der Nephelinite und insbesondere Tephrite gegenüber den Basaniten hin. Und sie belegen, dass die Magmenförderung schubweise erfolgt ist und auch aus älteren und tieferen Kammern gekommen sein muss.

Insgesamt lässt sich also feststellen: der Modalbestand erlaubt schon eine Einordnung, reicht aber nicht zur genauen Einstufung aus. Dass sich unsere Basanite und Tephrite durch den Gehalt an Analcim und Nephelin unterscheiden, war schon recht schnell klar, den eher geringen Differentiationsgrad konnte man über den Chemismus und – in gewissem Umfang – dem TAS-Diagramm entnehmen. Die korrekte Einstufung eines Gesteins, sei es zeitlich oder innerhalb einer Abfolge, sowie die Ableitung der Entstehungsbedingungen ist zumeist erst durch die Kombination von mehreren Analysen- und Auswertungsverfahren möglich.

Trotz aller Analysenmethoden und Auswerteverfahren geht kein Weg an der Beobachtung im Gelände vorbei. Die Lagerungsverhältnisse zueinander stellen ein wichtiges Kriterium für die Rekonstruktion der Geschehnisse dar; hier sei noch einmal auf das Beispiel Dachberg bei Rasdorf in der Kuppenrhön hingewiesen, wo phonolithische Lava den analcimführenden Nephelinbasanit durchschlagen hat. Hier ist das zeitliche „Nacheinander" am ehesten durch die Anschauung im Gelände zu klären. Auch die Deckenbasalte am Buchwald sind anhand des Chemismus praktisch nicht zu trennen, die Überlagerung der Decken mit dem zwischengeschalteten Laterit sorgt aber schnell für Klarheit.

Nach wie vor unersetzlich: die Beobachtung im Gelände

So bleiben dem aufmerksamen Wanderer auch ohne die technischen Möglichkeiten der Chemie und Physik immer noch genug Gelegenheiten, sich auf seinen Streifzügen einen Eindruck vom Geschehen zu verschaffen. Zusammenfassend kann gesagt werden, dass

- in der Kuppenrhön Magmen vor allem an den durch die Bruchschollentektonik vorgegebenen Spalten aufgedrungen sind
- es sich in der Kuppenrhön um mehr oder weniger isolierte Einzelvorkommen handelt, die sich in der Zusammensetzung lokal deutlich unterscheiden können
- in der Hochrhön größere zusammenhängende Vorkommen, z. T. deckenförmig, anzutreffen sind
- in der Hochrhön deutlich mehr Gesteine sowohl bezüglich der Zusammensetzung als auch der Abfolge zu differenzieren sind
- bei allen Abfolgen zwischen den Abfolgen im Sinne einer Magmendifferenzierung und der zeitlichen Aufeinanderfolge unterschieden werden muss
- zur Einstufung von Gesteinen einerseits hochtechnische Verfahren eingesetzt werden können, manchmal müssen
- die Beobachtung im Gelände und einfache Mittel immer noch unersetzlich sind.

Erkenntnisse über die vulkanischen Geschehnisse

So sind also Hammer und Lupe, Karte und Kompass, vor allem aber auch Spaß an der Sache und ein offenes Auge bis heute wichtige und wertvolle Begleiter eines jeden erdgeschichtlichen Streifzuges. Es gibt noch so viel zu entdecken!

Nützliches und Informatives

Sehenswerte Einrichtungen und Kontaktadressen

Musen und Ausstellungen

Kloster Cornberg – Sandsteinmuseum und ehemaliger Steinbruch
Lage: Das Sandsteinmuseum befindet sich im ehemaligen Kloster Cornberg, unmittelbar anbei befindet sich der stillgelegte Steinbruch.
Beschreibung: Mineralien-Schaudepot, Infotafeln, Sandstein, Kupferschiefer, Saurierfährten , Seminar- und Tagungsgebäude.
Kontakt: Gemeinde Cornberg, Am Markt 8, 36219 Cornberg (Lkr. Hersfeld Rotenburg), Tel.: 05650 / 96 97-0.

Sieblos-Museum Poppenhausen
Lage: Im Rathaus Poppenhausen.
Beschreibung: Versteinertes Leben – Fossilienfunde aus der Rhön, ehemaliger Bergbau in Sieblos, Fossilien aus einem unteroligozänen See.
Kontakt: Gemeinde Poppenhausen, Von-Steinrück-Platz 1, 36163 Poppenhausen/Wasserkuppe, Tel.: 06658 / 96 00 13.

Vonderau-Museum Fulda
Beschreibung: Naturkunde, Kulturgeschichte, Malerei und Skulptur, Planetarium; bedeutendstes Museum der Region.
Kontakt: Vonderau-Museum Fulda, Jesuitenplatz 2, 36037 Fulda, Tel.: 0661 / 92 8 35-0.

Naturmuseum und Museumsdorf Tann
Beschreibung: Natur- und Heimatkunde, Landschaft, Geschichte, Tierwelt, historische Gebäude mit Inneneinrichtungen, Werkstätten u. v. a. m.
Kontakt: Tourist-Information Tann (Rhön), Marktplatz 9, 36142 Tann (Rhön), Tel.: 06682 / 96 11-11.

Ausstellung „Steinreich"
Lage: In unmittelbarer Nähe des Naturmuseums und Museumsdorfes Tann.
Beschreibung: Fossilien und Gesteine der Region.
Kontakt: Tourist-Information Tann (Rhön), Marktplatz 9, 36142 Tann (Rhön), Tel.: 06682 / 96 11-11.

Landschaftsinformationszentrum Rasdorf
Lage: Großentafter Straße 10a in Rasdorf.
Beschreibung: Landschaftsgeschichte, Geologie, Kulturgeschichte, Gesteinsgarten.
Kontakt: Gemeinde Rasdorf, Am Anger 32, 36169 Rasdorf, Tel.: 06651 / 96 01-0.

Erlebnisbergwerk Merkers
Beschreibung: Kalisalzbergbau, Kristallgrotte, Großbunker, Reichsbankschatz-Goldkammer, Veranstaltungsräume, Gastronomie u. a. m.
Kontakt: Erlebnis Bergwerk Merkers, Zufahrtstraße 1, 36460 Merkers, Tel.: 03695 / 61 41 01.

Stadt- und Kreisgeschichtliches Museum Hünfeld mit Konrad-Zuse-Museum
Beschreibung: Kulturgeschichte, Vor- und Frühzeit, dazu Geschichte des Computers.
Kontakt: Stadt- und Kreisgeschichtliches Museum Hünfeld, Kirchplatz 4 – 6, 36088 Hünfeld, Tel.: 06652 / 91 98 84.

Weitere Informationspunkte

Groenhoff-Haus
Lage: Auf der Wasserkuppe.
Beschreibung: Hessische Verwaltungsstelle Biosphärenreservat Rhön, Segelflugmuseum, Jugendbildungsstätte mit -herberge, Heimattiermuseum, Hotel, Gastronomie u. a. m.
Kontakt: Info-Zentrum, Tel.: 06651 / 98 00 oder 06654 / 632;
Hessische Verwaltungsstelle, Tel.: 06654 / 96 120.

Haus der Langen Rhön und Bayerische Verwaltungsstelle Biosphärenreservat Rhön
Beschreibung: Kulturgeschichte, Informationszentrum.
Kontakt: Haus der Langen Rhön, Unterelsbacher Straße 4, 97656 Oberelsbach, Tel.: 09774 / 91 02 60;
Bayerische Verwaltungsstelle, Oberwaldbehrunger Straße 4, 97656 Oberelsbach, Tel.: 09774 / 91 02-0.

Thüringische Verwaltungsstelle Biosphärenreservat Rhön
Kontakt: Mittelsdorfer Straße, 98634 Kaltensundheim, Tel.: 036946 / 3820.

Rhönklub e. V.
Kontakt: Peterstor 7, 36037 Fulda, Tel.: 0661 / 7 34 88.

Wichtige Internet-Adressen

Biosphärenreservat Rhön: *www.biosphaerenreservat-rhoen.de*
Internetportal Rhön: *www.rhoen.de*
Rhön*line*: www.rhoenline.de
Interessengemeinschaft Saurierspuren Eiterfeld e. V.:
www.saurierspuren-eiterfeld.de
Projekt „Rhön im Fluss": *www .rhoen-im-fluss.de*
Erlebnis Bergwerk Merkers: *www.erlebnisbergwerk.de*
Landesverband für Höhlen- und Karstforschung Hessen e. V.:
www.hoehlenkataster-hessen.de

Geographische Koordinaten wichtiger Lokalitäten

Die nachfolgend angeführten Koordinaten beziehen sich auf das World Geodetic System 1984 (WGS84).

Lokalität	Nordwert	Ostwert
Appelsberg, Gipfel	N 50,72716087°	E 9,82830346°
Bornmühle, Wegkreuzung	N 50,72732363°	E 9,90322854°
Borsch, Abzw. von der B 278 zum Steinbruch	N 50,72464613°	E 9,95713515°
Borsch, Muschelkalksteinbruch	N 50,73214222°	E 9,95289693°
Buchwald, Fundort Laterit	N 50,68980977°	E 9,87137414°
Buchwald, Gipfelbereich	N 50,69095708°	E 9,86822112°
Burgruine Haunek	N 50,75163564°	E 9,70141563°
Dachberg, Gipfel	N 50,70584978°	E 9,89007495°
Dachberg, Tuffe westl. d. Vockenbaches	N 50,70970216°	E 9,88590059°
Dachberg, Weg am westlichen Fuß	N 50,70608798°	E 9,88830988°
Dachberg, Wegespinne	N 50,71059292°	E 9,88697923°
Dietgesstein	N 50,67555989°	E 9,88348922°
Dietgesstein, Abzw. Fußw. in Setzelbach v. K124	N 50,69268034°	E 9,90751638°
Dietgesstein, Abzweig von der K 124	N 50,68901663°	E 9,88713833°
Eiterfeld, Parkplatz an der L 3380	N 50,75686980°	E 9,77625022°
Eube, Gipfel	N 50,47932457°	E 9,91680827°
Fuldaquelle, Wasserkuppe	N 50,49206360°	E 9,95369551°
Gangolfsberg, öffentlicher Parkplatz	N 50,46383145°	E 10,09408264°
Gangolfsberg, Prismenwand	N 50,46514543°	E 10,08625371°
Gangolfsberg, Schweinfurter Haus (Rhönklub)	N 50,46379546°	E 10,09599727°
Gehilfersberg, Gipfel mit Wallfahrtskapelle	N 50,72487618°	E 9,88477052°
Geisa, Ortsmitte	N 50,71481536°	E 9,95006763°
Goldloch (Wasserkuppe)	N 50,48624340°	E 9,92293076°
Großentaft, Steinbr./Aufschluss am Bahnhof	N 50,73888306°	E 9,86059728°
Großentaft, Steinbruch am Sportplatz	N 50,74492661°	E 9,86389595°
Grüsselbach, Abzweig zum Standorfsberg	N 50,74336109°	E 9,92160111°

Nützliches und Informatives

Lokalität	Nordwert	Ostwert
Grüsselbach, Ortsmitte	N 50,74044455°	E 9,92083553°
Guckaisee (Wasserkuppe)	N 50,48467598°	E 9,92219571°
Habelberg, Gipfel	N 50,64005674°	E 9,99429192°
Habelsee	N 50,63540822°	E 9,98592460°
Haus der Langen Rhön, Ortslage Oberelsbach	N 50,44088861°	E 10,11961101°
Hellenberg, Gipfel	N 50,74309954°	E 9,89751075°
Hellenberg, Röt-Steinbruch.	N 50,74719855°	E 9,89050563°
Hübelsberg, Gipfel	N 50,70440400°	E 9,85748856°
Kirschberg, alter Steinbruch	N 50,72951562°	E 9,91035253°
Kirschberg, Gipfel mit temporärem Teich	N 50,72771244°	E 9,91102574°
Kleinberg, Gipfel mit kelt. Ringwallanlage	N 50,73607585°	E 9,87541974°
Kleinberg, Steinbruch	N 50,73561313°	E 9,87718180°
Kleinsassen, Ortslage	N 50,55089538°	E 9,87445458°
Lange Steine bei Oberstoppel	N 50,74493232°	E 9,69493977°
Lichtberg, Eingang Steinbruch	N 50,74980134°	E 9,81099081°
Lichtberg, Gipfelbereich	N 50,74910846°	E 9,81367105°
Milseburg, Gipfel mit Kapelle	N 50,54374668°	E 9,89830584°
Milseburg, Parkpl. Wendebuche (Danzwiesen)	N 50,54435796°	E 9,90642963°
Morsberg, Gipfel	N 50,71540173°	E 9,85945917°
Pferdsdorf Ortsmitte	N 50,79748484°	E 9,96521812°
Poppenhausen, Rathaus u. Sieblos-Museum	N 50,48912752°	E 9,86943861°
Quecksmoor, Kreuzung an der B 84	N 50,70951374°	E 9,85085693°
Rasdorf, Anger	N 50,71860110°	E 9,89775070°
Rote Wand am Lindig	N 50,78127501°	E 9,95779464°
Rote Wand bei Schleid	N 50,70184570°	E 9,94202004°
Rothenstein, Salzborn an der Totenbrücke	N 50,72238611°	E 9,70699774°
Rückersberg, Gipfel	N 50,73852229°	E 9,81702915°
Schafstein, Gipfel	N 50,50259843°	E 9,94615505°
Schleidsberg	N 50,70854682°	E 9,97436243°
Soisberg, Ausssichtspunkt	N 50,78141309°	E 9,88335578°

Geographische Koordinaten wichtiger Lokalitäten

Lokalität	Nordwert	Ostwert
Soisberg, Ausssichtsturm auf dem Gipfel	N 50,78837895°	E 9,88348707°
Soisdorf, Gaststätte, auch Hilfe für Fahrräder	N 50,76379150°	E 9,89542652°
Stallberg, Gipfel	N 50,71732650°	E 9,84207760°
Stallberg, Parkplatz	N 50,71579113°	E 9,85295294°
Standorfsberg, Abzweig von der B 84	N 50,74796635°	E 9,94152851°
Standorfsberg, Fuß Westhang	N 50,75517457°	E 9,93387885°
Standorfsberg, Gipfelbereich	N 50,75580600°	E 9,93920578°
Steinwand, Gipfel	N 50,52166095°	E 9,86474830°
Steinwand, Kletterfelsen	N 50,52019351°	E 9,86260634°
Stoppelsberg	N 50,75163564°	E 9,70141563°
Stoppelsberg, Steinbruch im Anstieg	N 50,75321292°	E 9,70073067°
Suhl (Steinbruch), Eingangsbereich	N 50,66324390°	E 9,84719162°
Sünna, Durchgangsstraße	N 50,79509518°	E 9,99814566°
Treischfeld, Abzweig zum Hellenberg	N 50,75507245°	E 9,88944949°
Ulmenstein, Abzw. z. Parkpl. in Hofaschenbach	N 50,63517279°	E 9,84421318°
Ulmenstein, N-Seite, ehem. Drahtseilbahnstation	N 50,65567522°	E 9,83715646°
Ulmenstein, Parkplatz	N 50,65298121°	E 9,83675505°
Ulmenstein, See, Südseite	N 50,65320084°	E 9,83746599°
Ulsterquelle	N 50,46516668°	E 9,99857719°
Unterufhausen, Abzweig Weg zum Soisberg	N 50,77022329°	E 9,87712021°
Wasserkuppe, Infozentrum	N 50,49818835°	E 9,94677165°
Wenigentaft, Abzw. Weg z. Roten Wand am L.	N 50,76704683°	E 9,93872211°
Wenigentaft, Ortsmitte	N 50,76479696°	E 9,93903141°
Wiesenfeld, ehemalige Steinbruch	N 50,70386082°	E 9,92613496°
Wiesenfeld, Ortsmitte	N 50,70341703°	E 9,92511842°
Wisselsberg, Einfahrt Steinbruch	N 50,72120251°	E 9,79973457°
Wisselsberg, Gipfel	N 50,72336218°	E 9,79941730°

Ortsverzeichnis

Abendsberg 88
Abtsroda 70, 71, 77
Abtsrodaer Kuppe 60
Appelsberg 36, 38
Bad Hersfeld 6, 17, 34, 38
Bad Salzungen 17, 100
Biebertal 60, 64
Birx 83, 84
Birxer Graben **83**
Bornmühle 45
Borsch 24, **89**
Buchenau 37
Buchenmühle 92
Buchenrod 4
Buchwald **53**, 54, 56, 57, 62, 117
Burghaun 34
Burgruine Hauneck 34, **35**
Buttlar 32, 89, 91, 101
Cornberg 7, 16, 37, **94**, 118
Dachberg 43, **47**, 108, 117
Danzwiesen 67
Dietgesstein **56**
Distelrasen 4
Dittlofrod 37
Dörnberg 62
Ehrenberg 78
Eiterfeld 16, 17, 20, **37**, 97, 98, 120
Ellenbogen 83
Erbenhausen 84, 85
Eube 70, 73, **75**
Fladungen 6
Flieden 4
Föhlritz 24
Frankenheim 83, 84
Friedewald 6, 13, 16
Fulda 5, 6, 17, 32, 34, 46, 62, 71, 103, 104, 106, 118, 120
Fuldaquelle **75**
Gangolfsberg **80**
Gangolfsquelle 69
Gehilfersberg 38, 39, **43**, 46, 48
Geisa 6, 24, 78, 84, 88, 89
Geismar 24
Gersfeld 6, 32, 70
Gesteinsgarten Rasdorf **46**
Ginolfs 80
Goldloch **72**, 76

Gotthards 64
Großenbach 24, 32
Großentaft 24, 37, **38**, 41, 49
Grüsselbach 92
Guckaisee **72**, 76
Günthers 86
Habelberg **86**, 107
Habelsee **86**
Haselstein 24, 53, 55, 62
Haunetal 38
Heidelstein 78, 79, 80
Hellenberg **40**
Hemmhauck 75
Hildburghausen 20
Hilders 6, 83, 85
Hofbieber 6
Hohenroda 18
Hohlstein **64**
Hübelsberg 37, 38, **49**
Hünberg 39
Hünfeld 5, 6, 32, 34, 38, 62, 64, 89, 102, 103, 119
Kaltensundheim 24, 85, 120
Kaltenwestheim 85
Kirschberg **44**
Kleinberg 37, 38, **41**, 43, 45
Kleinsassen 64, **66**
Korbach 95, 98
Körnbach 37
Kranlucken 86
Landrücken 4
Lange Steine **34**
Leibolz 6, 37
Lerchenküppel **71**
Lichtberg 38
Lütterbach 72
Mackenzell 64
Meiningen 6
Meiselbach 91
Mellrichstadt 71
Merkers 10, **100**, 119, 120
Milseburg 32, 60, 64, 65, 66, **67**, 70
Mittelaschenbach 62
Moordorf 78
Moorwiese 78
Morles 64
Morsberg 36, 38, **53**

Motzlar 86
Neuhof 17, 18, 92
Nüst 64
Nüsttal 6, 64
Oberbernhardser Höhe 64, **65**
Oberelsbach 9, 80, 120
Obernüst 64
Oberstoppel 35, 37
Öchsenberg 101
Ottilienstein 79
Pferdsdorf 78, 91, 92
Pferdskopf 71, **72**, 73, 75, 76
Philippsthal 17, 18, 78, 91, 92
Poppenhausen 5, 7, 27, 77, 103, **104**, 118
Prismenwand **80**
Quecksmoor **49**
Rasdorf 6, 7, 24, 32, 37, 38, 39, 44, **45**, 53, 89, 90, 102, 117, 119
Reichenhausen 84
Rockenstuhl 6
Rote Wand am Lindig **91**
Rote Wand Schleid **87**
Rotes Moor 78, **79**
Rothenkirchen **17**, 34
Rother Kuppe 80, **81**
Rückersberg 36, 38
Schafhausen 24, 84
Schafstein 78
Schleid 6, 86
Schleidsberg 34, 60
Schmalkalden 6
Schnittlauchfelsen **69**
Schwarzes Moor 79, **82**
Seiferts 83
Setzelbach 55, 56, 62
Sieblos 5, 7, 27, 77, 86, 103, **104**, 118
Silges 64
Soisberg 18, 34, 38, **39**, 60
Soisdorf 39, 40
Spahl 101
Spielkopf 39
Stallberg 32, 34, 36, 37, 38, **52**, 60
Standorfsberg **89**
Steinbach 17
Steinwand **66**
Stoppelsberg **34**, 38
Suhl (bei Haselstein) **62**
Sünna 92, **101**, 102
Tann 6, 32, 78, 84, **85**, 86, 101, **106**, 118, 119
Teufelskeller **80**
Treischfeld 39, 40
Ulmenstein **62**, 64, 80
Ulsterquelle 78, **79**
Unterbreitzbach 17
Unterstoppel 34
Unterufhausen 39, 40
Urspringen 80
Vockenbachtal 48
Wallings 64
Wasserkuppe 3, 6, 9, 27, 60, **70**, 75, **76**, 77, 78, 104, 118, 120
Wendebuche 68
Wenigentaft 78, 91, 92
Weyhers 105
Wiesenfeld 88
Wildkaute 17
Wisselsberg 38
Wüstensachsen 78, 80
Ziegenköpfe **65**

Literaturverzeichnis

ALLIANZ UMWELTSTIFTUNG (2007): Wissen – Informationen zum Thema „Klima": Grundlagen, Geschichte, Projektionen. Hrsg.: Allianz Umweltstiftung, München.

BIOSPHÄRENRESERVAT RHÖN, VERWALTUNG THÜRINGEN (2002): Exkursionsführer zu ausgewählten geologischen Objekten in der Thüringer Rhön. Hrsg.: Biosphärenreservat Rhön, Verwaltung Thüringen, Kaltensundheim.

CORNELIUS, R. (2002): Vom Todesstreifen zur Lebenslinie - Natur und Kultur am grünen Band Hessen-Thüringen. Hrsg.: BUND Landesverband Hessen, Auwel-Verlag, Niederaula.

Effert, G. (2002): Die Rhön – Ein Lesebuch. Das Land der offenen Fernen damals und heute, in Schilderungen und Sagen, Schnurren und Gedichten. Verlag Parzeller Fulda.

EHRENBERG, K.-H., HANSEN, R., HICKETHIER, H. & LAEMMLEN, M. (1994): Erläuterungen zur Geologischen Karte von Hessen 1 : 25 000 Blatt Nr. 5425 Kleinsassen. Hrsg.: Hessisches Landesamt für Bodenforschung, Wiesbaden.

FAUPL, P. (2003): Historische Geologie. Facultas Verlags- und Buchhandelsgesellschaft, Wien.

GENSEN, R. (1985): Die eisenzeitlichen Ringwälle auf dem Stallberg und dem Kleinberg. Archäologische Denkmäler in Hessen, Band 49. Hrsg.: Abt. für Vor- und Frühgeschichte im Landesamt für Denkmalpflege Hessen, Wiesbaden.

HEILMANN, L. (2004): Sandstein, Spuren und Saurier. Hrsg.: Gemeinde Cornberg und Bundesland Hessen, Amt für ländlichen Raum, Bad Hersfeld.

HESSISCHES LANDESAMT FÜR BODENFORSCHUNG (1996): Geotope in Hessen – Schaufenster der Erdgeschichte. Hrsg.: Hessisches Landesamt für Bodenforschung, Wiesbaden.

HOHMANN, H. J. (1997): Landschaftsinformationszentrum Hess. Kegelspiel, Thematischer Rundwanderweg II: Gesteine und die Entwicklung der Landschaft. Hrsg.: Gemeinde Rasdorf und Verein zur Förderung der Heimat- und Kulturpflege e. V.

HOHMANN, H. J. (1998): Das Landschaftsinformationszentrum Hess. Kegelspiel, Beschreibung des Museums und des Umfeldes. Hrsg.: Gemeinde Rasdorf und Verein zur Förderung der Heimat- und Kulturpflege e. V.

HOHMANN, H. J. (1998): Landschaftsinformationszentrum Hess. Kegelspiel, Thematischer Rundwanderweg III: Eine intakte Landschaft ist nicht nur grün. Hrsg.: Gemeinde Rasdorf und Verein zur Förderung der Heimat- und Kulturpflege e. V.

Literaturverzeichnis

HÖHN, W. (2006): Die Kelten in der Rhön. Michael Imhof Verlag, Petersberg.

JENRICH, J. (2005): Die Milseburg – Perle der Rhön. Verlag Parzeller, Fulda.

KLÜBER, M. (2003): Die Orchideen der Rhön. CD, Selbstverlag.

KOENEN, A. V. (1886): Geologische Specialkarte von Preußen (u. thür.St.), Königl. Preuß. Geol. Landesanstalt, Lfg. 36, Berlin.

KÖNIGLICH PREUßISCHE GEOLOGISCHE LANDESANSTALT (1909): Erläuterungen zur Geologischen Karte von Preußen und benachbarten Bundesstaaten. Lieferung 171 Blatt Spahl, Gradabteilung 69, No. 22. Im Vertrieb bei der Kgl. Geol. Landesanstalt, Berlin (Hrsg.) Nachdruck: Hessisches Landesamt für Bodenforschung, Wiesbaden.

LAEMMLEN, M. (1966/67): Der mittlere Buntsandstein und die Solling-Folge in Südhessen und in den südlich angrenzenden Nachbargebieten. Zeitschrift der Deutschen Geologischen Gesellschaft, 116: 908-949.

LAEMMLEN, M. (1967): Erläuterungen zur Geologischen Karte von Hessen 1 : 25 000, Blatt 5124 Bad Hersfeld, Wiesbaden.

LAEMMLEN, M. (1975): Erläuterungen zur Geologischen Karte von Hessen 1 : 25 000 Blatt Nr. 5225 Geisa. Hrsg.: Hessisches Landesamt für Bodenforschung, Wiesbaden.

LAEMMLEN, M. (1987): Der geologische Wanderpfad an der Wasserkuppe. Verlag Parzeller, Fulda.

LANGE, P. & KÄDING, K.-CH. (1961): Stratigraphie und Tektonik im Buntsandstein des hessischen Werra-Kaligebietes östlich Bad Hersfeld. Notizblatt des Hessischen Landesamtes für Bodenforschung, Wiesbaden.

LEBAS, M. J., LEMAITRE, R. W., STRECKEISEN, A. & ZANETTIN, B. (1986): A chemical classification of volcanic rocks based on the Total Alkali-Silica-Diagram. Jahrb. Petrologie, 27: 745-750.

MÄLZER, G. (1984): Die Rhön – Alte Bilder und Berichte. Echter Verlag Würzburg.

MARTINI, E. & PFLUG, B. (1997): Die Fossillagerstätte Sieblos bei Poppenhausen (Wasserkuppe) in der Rhön – Lebensgemeinschaften in einer Ablagerung des Unter-Oligozäns im Landkreis Fulda. Paläontologische Denkmäler in Hessen 6. Hrsg.: Abt. Archäologische und Paläontologische Denkmalpflege im Landesamt für Denkmalpflege und der Archäologischen Gesellschaft in Hessen e.V., Wiebaden.

MARTINI, E. & ROTHE, P. (1998): Sieblos an der Wasserkuppe: Forschungsbohrungen in einem alttertiären See. In: Die alttertiäre Fossillagerstätte Sieblos an der Wasserkuppe/Rhön – Geol. Abh. Hessen, Band 104. Hrsg.: Hessisches Landesamt für Bodenforschung, Wiesbaden.

MOTZKA, R. (1975): Erläuterungen zur Geologischen Karte von Hessen 1:25 000 Blatt Nr. 5324 Hünfeld. Hrsg.: Hessisches Landesamt für Bodenforschung, Wiesbaden.

MOTZKA, R. & LAEMMLEN, M. (1967): Erläuterungen zur Geologischen Karte von Hessen 1:25 000 Blatt Nr. 5224 Eiterfeld. Hrsg.: Hessisches Landesamt für Bodenforschung, Wiesbaden.

NATURPARK HESSISCHE RHÖN, RHÖNKLUB E.V. (1997): Rundwanderwege Naturpark Hessische Rhön, Eiterfeld, Rasdorf, Hünfeld, Nüsttal, Tann, Hofbieber, Hilders, Dipperz. Kreisausschuss des Landkreises Fulda, Naturpark Hess. Rhön, Fulda.

NATURPARK HESSISCHE RHÖN, RHÖNKLUB E.V. (2001): Rundwanderwege Naturpark Hessische Rhön, Petersberg, Dietershausen, Ebersburg, Dalherda, Kalbach, Flieden, Neuhof, Hosenfeld, Großenlüder, Bad Salzschlirf. Kreisausschuss des Landkreises Fulda, Naturpark Hess. Rhön, Fulda.

NATURPARK HESSISCHE RHÖN, RHÖNKLUB E.V.: Rundwanderwege Naturpark Hessische Rhön, Gersfeld, Poppenhausen, Ehrenberg. Kreisausschuss des Landkreises Fulda, Naturpark Hess. Rhön, Fulda

PFLUG, B. (1995): Sieblos-Museum Poppenhausen – Versteinertes Leben – Fossilfunde aus der Rhön. Hrsg.: Gemeindeverwaltung Poppenhausen.

PROESCHOLD, H. (1894): Ueber den geologischen Bau des Centralstocks der Rhön. Separatabdruck aus dem Jahrbuch der königl. preuss. geologischen Landesanstalt 1893. A. W. Schade's Buchdruckerei, Berlin.

RHÖNKLUB E.V. (1997): Schneiders Rhönführer. Verlag Parzeller, Fulda.

SCHUBERT, H. (1993): Grundriß der Braunkohlengrube Sieblos bei Sieblos in der Rhön der Jahre 1895 bis 1919. Nach alten und eigenen Aufnahmen im August 1993 angefertigt: Schubert, Landvermesser zu Langenbieber (Überarbeitete Replik) Hrsg.: Gemeindeverwaltung Poppenhausen.

Walter, R. (2003): Erdgeschichte. Die Entstehung der Kontinente und Ozeane. 5. Aufl., Walter de Gruyter, Berlin, New York.

WILHELM, J. (2006): Wo die Berge wie Kegel stehen – Wandern im Hessischen Kegelspiel. Verlag Parzeller, Fulda.

WINCHESTER, J. A. & FLOYD, P. A. (1977): Geochemical Discrimination of Different Magma Series and their Differentiation Products using Immobile Elements. Chemical Geology, 20.